Influence des températures sur la fertilité des

Adélaïde Lotrous

Influence des températures sur la fertilité des milieux de culture

Étude de l'influence de l'ordre des températures d'incubation sur la fertilité des milieux de culture

Presses Académiques Francophones

Impressum / Mentions légales

Bibliografische Information der Deutschen Nationalbibliothek: Die Deutsche Nationalbibliothek verzeichnet diese Publikation in der Deutschen Nationalbibliografie; detaillierte bibliografische Daten sind im Internet über http://dnb.d-nb.de abrufbar.

Alle in diesem Buch genannten Marken und Produktnamen unterliegen warenzeichen-, marken- oder patentrechtlichem Schutz bzw. sind Warenzeichen oder eingetragene Warenzeichen der jeweiligen Inhaber. Die Wiedergabe von Marken, Produktnamen, Gebrauchsnamen, Handelsnamen, Warenbezeichnungen u.s.w. in diesem Werk berechtigt auch ohne besondere Kennzeichnung nicht zu der Annahme, dass solche Namen im Sinne der Warenzeichen- und Markenschutzgesetzgebung als frei zu betrachten wären und daher von jedermann benutzt werden dürften.

Information bibliographique publiée par la Deutsche Nationalbibliothek: La Deutsche Nationalbibliothek inscrit cette publication à la Deutsche Nationalbibliografie; des données bibliographiques détaillées sont disponibles sur internet à l'adresse http://dnb.d-nb.de.

Toutes marques et noms de produits mentionnés dans ce livre demeurent sous la protection des marques, des marques déposées et des brevets, et sont des marques ou des marques déposées de leurs détenteurs respectifs. L'utilisation des marques, noms de produits, noms communs, noms commerciaux, descriptions de produits, etc, même sans qu'ils soient mentionnés de façon particulière dans ce livre ne signifie en aucune façon que ces noms peuvent être utilisés sans restriction à l'égard de la législation pour la protection des marques et des marques déposées et pourraient donc être utilisés par quiconque.

Coverbild / Photo de couverture: www.ingimage.com

Verlag / Editeur:
Presses Académiques Francophones
ist ein Imprint der / est une marque déposée de
OmniScriptum GmbH & Co. KG
Heinrich-Böcking-Str. 6-8, 66121 Saarbrücken, Deutschland / Allemagne
Email: info@presses-academiques.com

Herstellung: siehe letzte Seite /
Impression: voir la dernière page
ISBN: 978-3-8381-7307-8

Adélaïde Lotrous

Etude de l'influence

de l'ordre des températures d'incubation

sur la fertilité des milieux de culture

TITRE : Etude de l'influence de l'ordre des températures d'incubation sur la fertilité des milieux de culture.

RESUME :

Sur un site de production pharmaceutique, divers contrôles sont effectués dans la ZAC (zone à atmosphère contrôlée) dont des prélèvements microbiologique de l'environnement à l'aide de milieux de culture.   Ces derniers sont acheminés au laboratoire du contrôle qualité où ils sont incubés dans une étuve à 30-35°C pendant 48h minimum puis dans une étuve à 20-25°C pendant cinq jours minimum.

L'objectif cette étude est de vérifier si l'ordre des températures d'incubation des géloses utilisées pour le monitoring de l'environnement a une influence sur la fertilité des milieux de culture. On cherche à vérifier que les propriétés nutritives des géloses sont conformes aux normes requises par les Bonnes Pratiques de Fabrication (current Good Manufacturing Practice, cGMP), la Pharmacopée Européenne et la Pharmacopée Américaine (The United States Pharmacopeia, USP) en vigueur quel que soit l'ordre des températures d'incubation.

MOTS CLES :

Milieux de culture

Monitoring de l'environnement

Température d'incubation

LABORATOIRE DE RATTACHEMENT :   **DATE** : 2012

Laboratoire de Faculté de Pharmacie
5, Rue J.B. Clément
92296 – CHATENAY MALABRY CEDEX

REMERCIEMENTS

Je tiens tout d'abord à remercier chaleureusement mon tuteur Monsieur Denis CAVAILLES, responsable du Contrôle Qualité d'Aquitaine Pharm International pour son accueil, ses conseils, son écoute et sa gentillesse qui m'ont permis de m'intégrer dans l'entreprise et dans le service, ainsi que pour son aide tout au long de la rédaction de cette thèse.

Je souhaite ensuite remercier tout le personnel du contrôle qualité pour leur accueil et leur sympathie pendant ces neufs mois de stage, et tout particulièrement l'équipe microbiologie composée de Johanna Bolajuzon, Sabine Amgar et Florence Persais pour leur aide dans mon travail.

Je souhaite également remercier mon compagnon pour son soutien tout au long de la rédaction et lors des moments de doute.

TABLE DES MATIERES

TABLE DES FIGURES

TABLE DES TABLEAUX

INTRODUCTION

Filiale du groupe Pierre Fabre Médicament Production, Aquitaine Pharm International (A.P.I.) est un laboratoire pharmaceutique dédié à la fabrication de médicaments injectables. Il comprend cinq blocs de production constituant la Zone à Atmosphère Contrôlée (ZAC) et quatre ateliers antimitotiques (ATM) où les chaines de production sont sous isolateurs.

A chaque utilisation des blocs de production de la ZAC et des ATM, des prélèvements microbiologiques (contrôle de l'air, des surfaces et du personnel) sont réalisés. Les milieux de culture utilisés sont fournis par Biotest Heipha® : géloses ICR (référence 030826e), géloses de contact ICR+ (référence 820) et bandelettes de géloses TCIγ (référence 941125).

Les prélèvements sont acheminés au laboratoire de microbiologie du contrôle qualité d'API où ils sont incubés dans une étuve à 30-35°C pendant 48h minimum puis dans une étuve à 20-25°C pendant cinq jours minimum.

L'objectif de la validation est de vérifier si l'ordre des températures d'incubation des géloses utilisées pour le monitoring de l'environnement a une influence sur la fertilité des milieux de culture. On cherche à vérifier que les propriétés nutritives des géloses sont conformes aux normes requises par les Bonnes Pratiques de Fabrication (current Good Manufacturing Practice, cGMP), la Pharmacopée Européenne et la Pharmacopée Américaine (The United States Pharmacopeia, USP) en vigueur quel que soit l'ordre des températures d'incubation.

Dans une première partie, nous présenterons la filiale, le contexte réglementaire et les conditions de croissance des micro-organismes (Partie I). Nous détaillerons ensuite le matériel et les méthodes utilisés (Partie II). Nous verrons, par la suite, les résultats obtenus (Partie III) que nous discuterons dans la Partie IV. Puis nous conclurons (Partie V).

PARTIE I

PRESENTATION DU SUJET

I. PRESENTATION DE LA FILIALE

Filiale du groupe Pierre Fabre Médicament Production, Aquitaine Pharm International (API) est un laboratoire pharmaceutique dédié à la fabrication et au conditionnement des médicaments injectables pour le groupe Pierre Fabre et pour des clients extérieurs (60% de l'activité du site). C'est un laboratoire façonnier. Il intervient comme sous traitant pour la fabrication de la spécialité pharmaceutique, au profit de l'exploitant du médicament, qui à son tour, se chargera de commercialiser ladite fabrication.

La fabrication est définie par ses diverses composantes (1):

- L'achat des matières premières et des articles de conditionnement,
- Les opérations de production,
- Le contrôle de la qualité,
- La libération des lots,
- Le stockage.

La société implantée à Idron dans les Pyrénées Atlantique est divisée en deux sites distincts : API-1 et API-2 et est composée de neuf ateliers de production où 32 millions d'unités ont été produites en 2009, ce qui représente environ 13700kg de matières premières.

- 3 ateliers UVF (Unité Verre Flacon)
- 2 ateliers UVA (Unité Verre Ampoule)
- 4 ateliers ATM (Atelier antimitotique)

Les UVA et UVF constituent la ZAC et permettent la production de flacons (solutions ou lyophilisés de 1 à 40ml), d'ampoules (solution de 1 à 10 ml) et depuis peu le remplissage aseptique de seringues. Les ATM sont dédiés à la fabrication de produits anticancéreux.

API est le premier laboratoire pharmaceutique au monde à avoir proposé une fabrication aseptique basée sur un concept d'isolation. Un assemblage original d'isolateurs permet de protéger toutes les opérations de fabrication d'un injectable anticancéreux.

Cette technologie garantie une protection du personnel, de l'environnement et du produit, depuis l'échantillonnage du principe actif, jusqu'à la décontamination finale du flacon : toutes les opérations sont réalisées sous isolateurs assurant ainsi une qualité optimale du processus.

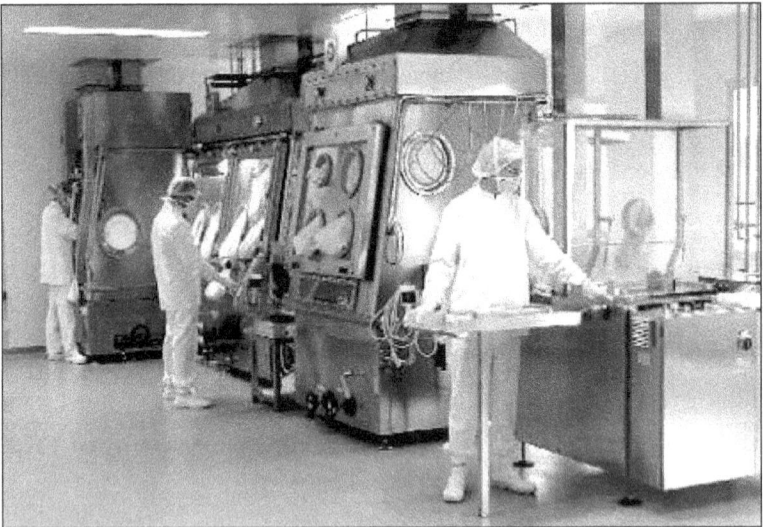

Figure 1 : Isolateurs des ateliers antimitotiques

L'utilisation d'isolateurs en production ainsi qu'au laboratoire du contrôle qualité requière leur stérilité. Ils sont stérilisés avec du peroxyde d'hydrogène puis ventilés. Après la phase de ventilation, la concentration du peroxyde d'hydrogène résiduel dans l'enceinte est inférieure à 10 ppm. A partir d'une concentration de 10 ppm, le peroxyde d'hydrogène tue les micro-organismes et les spores ; en dessous de 10 ppm, il inhibe la croissance des micro-organismes mais pas celle des spores (2).

II. CONTEXTE REGLEMENTAIRE

La fabrication des médicaments stériles impose des exigences particulières en vue de réduire au minimum les risques de contamination microbienne, particulaire et pyrogène. Pour cela, la fabrication des médicaments stériles s'effectue dans des zones d'atmosphère contrôlée (ZAC) maintenues à un niveau de propreté approprié et alimentées en air filtré sur des filtres d'efficacité correspondant au niveau de propreté requis.

Les zones d'atmosphère contrôlée destinées à la fabrication des produits stériles sont classées selon les qualités requises pour leur environnement. Chaque opération de fabrication requiert un niveau approprié de propreté de l'environnement « en activité » de façon à réduire au minimum le risque de contamination particulaire ou microbienne des produits ou des substances manipulés.

Afin de satisfaire aux conditions requises « en activité », ces zones doivent être conçues de manière à atteindre des niveaux définis de propreté de l'air « au repos ». L'état « au repos », est l'état où les locaux sont opérationnels avec le matériel de production en place, sans que les opérateurs soient à leur poste. L'état « en activité », est l'état où les locaux et les équipements fonctionnent selon le mode opératoire défini et en présence du nombre prévu d'opérateurs. Les états « en activité » et « au repos » doivent être définis pour chaque zone d'atmosphère contrôlée.

Les contrôles microbiologiques sont une démarche fondamentale dans la maîtrise et la prévention des risques liés à l'environnement. Ces contrôles doivent être précédés : d'une définition des zones à risques, de l'analyse des points critiques, de la mise en place de procédures et de protocoles (traçabilité et reproductibilité) ainsi que d'une formation des intervenants (tenues, comportement à adopter, accès en zone règlementée...). (3)

Pour la fabrication de médicaments stériles, on distingue quatre classes de zones à atmosphère contrôlée:

- **Classe A :** Les points où sont réalisées des opérations à haut risque, tels que le point de remplissage, les bols de bouchons, les ampoules et flacons ouverts ; les points de raccordements aseptiques. Les postes de travail sous flux d'air laminaire doivent normalement garantir les conditions requises pour ce type d'opérations. Les systèmes de flux d'air laminaire doivent délivrer de l'air circulant à une vitesse homogène de 0,36 – 0,54 m/s (valeur guide) dans les systèmes non clos. Le maintien de la laminarité du flux doit être démontré et validé.

- **Classe B** : Pour les opérations de préparation et de remplissage aseptiques, cette classe constitue l'environnement immédiat d'une zone de travail de classe A.

- **Classes C et D :** Zones à atmosphère contrôlée destinées aux étapes moins critiques de la fabrication des médicaments stériles.

Limites recommandées de contamination microbiologique « en activité »				
Classe	**Echantillon d'air UFC/m³**	**Boites de Pétri (90 mm de diamètre) UFC/4 heures**	**Géloses de contact (55 mm de diamètre) UFC/plaque**	**Empreintes de gant UFC/gant**
A	< 1	< 1	< 1	< 1
B	10	5	5	5
C	100	50	25	-
D	200	100	50	-

Tableau 1: Définition microbiologique des classes de la ZAC (4)

D'après les cGMP, les milieux de culture utilisés dans la surveillance microbiologique de l'environnement doivent être capables de détecter les levures et moisissures ainsi que les bactéries. Ils doivent être incubés dans des conditions appropriées de température et de temps. Le nombre total de bactéries peut être obtenu par incubation à 30 à 35 ° C pendant 48 à 72 heures. Le nombre total de levure et moisissures peut être obtenu par incubation à 20 à 25 ° C pendant 5 à 7 jours.

III. CONDITIONS DE CROISSANCE DES MICRO-ORGANISMES

1. Influence de la température

La température du milieu affecte profondément les micro-organismes Ils sont en effet particulièrement sensibles parce que leur température varie avec celle du milieu extérieur. La croissance microbienne a une dépendance envers la température assez caractéristique avec des températures dites cardinales : des températures de croissance minimales, maximales et optimales (5). Ces températures varient considérablement suivant les micro-organismes (cf. Tableau 2).

	TEMPERATURES CARDINALES		
	Minimale	Optimale	Maximale
Psychrophiles	- 15°C	10°C	15°C
Psychrotrophes	- 5°C	20-30°C	35°C
Mésophiles	15-20°C	30-37°C	40-45°C
Thermophiles	45°C	55-65°C	70°C
Hypertermophiles	60°C	80°C	100°C

Tableau 2 : Catégories de micro-organismes en fonction de leurs températures cardinales

La plupart des bactéries sont mésophiles et se développe à des températures allant de 20°C à 45°C avec un optimum de croissance à 37°C. Presque tous les agents pathogènes humains font partie de cette catégorie. On peut citer en exemples *Escherichia coli*, les salmonelles ou encore les staphylocoques.

Les psychrophiles se développent bien à 0°C et ont un optimum de température à 10°C à la différence des bactéries et des champignons psychrotrophes qui peuvent vivre à 0°C mais avec un optimum de croissance de 20 à 30°C.

Parmi les micro-organismes thermophiles qui se développent à un optimum de température de 55°C, on peut citer *Bacillus stearothermpophilus* dont les spores sont utilisées pour vérifier l'efficacité de la stérilisation au peroxyde d'hydrogène des isolateurs des ateliers antimitotiques d'API.

Lors de la production de médicaments stériles, les cGMP : Guidance for Industry préconisent une incubation pendant 48-72h à 30-35°C pour les bactéries et une incubation pendant 5-7 jours à 20-25°C pour les levures et moisissures (6).

Au laboratoire du contrôle qualité d'API, les milieux de culture utilisés pour le monitoring de l'environnement sont ainsi incubés 48h minimum à 30-35°C puis cinq jours minimum à 20-25°C.

2. Influence des milieux de culture

Un milieu de culture est une préparation solide ou liquide utilisée pour faire croître, pour transporter et conserver des micro-organismes. Un bon milieu doit contenir tous les nutriments nécessaires au développement du micro-organisme. Bien que tous les micro-organismes exigent une source d'énergie, de carbone, de phosphore, de soufre et de divers minéraux, la composition précise d'un bon milieu dépend de l'espèce à cultiver car les besoins en éléments nutritifs sont très différents. (5)

Les milieux de culture comme le bouillon de soja et la gélose au soja sont appelé milieux de base car ils permettent la croissance de la plupart des micro-organismes. On peut ajouter du sang et d'autres aliments spéciaux aux milieux de base pour favoriser le développement d'hétérotrophes (cf. Annexe 1 : Lexique) exigeants. Ces milieux spéciaux sont appelés milieux enrichis. Les milieux sélectifs favorisent la croissance de micro-organismes particuliers. Par exemple, le colorant cristal violet favorise la croissance des bactéries Gram négatif car il inhibe la croissance des bactéries Gram positif sans affecter les premières. (5)

Des prélèvements sont effectués dans les ateliers de production de la ZAC et dans les ateliers antimitotiques :

- Prélèvements d'air :
  - ➤ Avec un collecteur de micro-organismes : géloses TCIγ (Biotest®)
  - ➤ Boîtes de sédimentation : des géloses ICR (Biotest®) sont ouvertes dans les ateliers de production durant 4h
- Prélèvements de surface à l'aide de gélose ICR+ (Biotest®)
- Prélèvements du personnel (uniquement pour la ZAC) :
  - ➤ doigts gantés : les opérateurs font des prélèvements de leurs doigts gantés sur les géloses ICR à chaque sortie d'un bloc
  - ➤ Prélèvements de contact sur les tenues de bloc une fois par semaine (tempe, poitrine, coude, hanche, mollet).
- Prélèvement de l'EPPI : analyse physico-chimique, recherche de micro-organismes par filtration de 100 ml et recherche de la présence d'endotoxines.

Figure 2 : Tenue de bloc

PARTIE II

MATERIEL ET METHODE

I. PREPARATION DES SOUCHES

1. Régénération des souches lyophilisées

Les micro-organismes utilisés au laboratoire du contrôle qualité d'API sont fournis par l'Institut Pasteur sous forme de lyophilisat. Afin de vérifier l'identité des micro-organismes lors de la réception au laboratoire, les ampoules contenant les souches sont régénérées avec 0,5 ml d'eau peptonée 1%. Un ensemencement par isolement est effectué sur une gélose TSA qui est incubée 24h à 30-35°C. Les colonies sont identifiées par examen microscopique et par des tests biochimiques afin de confirmer la souche Pasteur.

Micro-organismes	Numéro identification ATCC	Identification des souches		
		Coloration de Gram / Etat frais	Galerie API	Autre
Staphylococcus aureus	ATCC 6538	Cocci Gram + en grappe de raisin	Gamme ID 32 Staph	Catalase +
Pseudomonas aeruginosa	ATCC 9027	Bacille Gram -	Gamme API 20 NE	Changement de coloration du milieu du jaune au vert Oxydase +
Candida albicans	ATCC 10231	Levure	Gamme API ID32C	
Aspergillus brasiliensis	ATCC 16404	Champignon filamenteux (moisissure)		Aspect macroscopique : colonies noires
Bacillus subtilis	ATCC 6633	Bacille Gram + sporulé	Gamme API 50 CH	
Escherichia coli	ATCC 8739	Bacille Gram – (Entérobactérie)	Gamme API 20 E	
Clostridium sporogenes	ATCC 11437	Bacille Gram + Sporulé (Anaérobie stricte)		Colonies noires dans le milieu viande-foie

Tableau 3: Souches de micro-organismes utilisées pour la validation

Pour *Aspergillus brasiliensis*, le lyophilisat se présente sous forme d'un petit cône noir. La régénération se fait dans un tube à essai avec 2 ml d'eau peptonée 1%. L'identification est effectuée de la même manière que pour les autres micro-organismes : ensemencement par isolement sur une gélose TSA qui est incubée à 20-25°C pendant cinq jours maximum. Les colonies sont identifiées macroscopiquement afin de confirmer la souche Pasteur.

Pour *Clostridium sporogenes*, l'ampoule de l'institut Pasteur est régénérée par 0,5 ml d'eau peptonée 1%. 35 µl de cette suspension sont placés dans un tube de milieu viande-foie qui est incubé 24h à 30-35°C bouchon dévissé. Le nombre de colonies, facilement identifiable par leur couleur noire, est multiplié par 30[1] pour obtenir un nombre de colonies / ml. Dans le tube de milieu viande-foie, on doit lire au maximum 33 colonies, ce qui équivaut à 990 bactéries / ml soit 99 bactéries / 0,1 ml.

2. Isolement de la souche de l'environnement

A partir d'un prélèvement de la ZAC, une colonie retrouvée sur le milieu de culture est isolée. On prélève cette colonie à l'aide d'une öse et on ensemence par isolement une gélose TSA qui est incubée 24h à 30-35°C. Les colonies permettent l'identification du germe.

Plusieurs micro-organismes sont retrouvés dans l'environnement d'API. On peut citer : *Staphylococcus saprophyticus*, *Staphylococcus epidermidis*, *Bacillus cereus*,... Pour notre étude, nous utiliserons une souche de *Staphylococcus saprophyticus*, bactérie isolée chez l'homme (flore digestive, rectale, vaginale, et exceptionnellement flore de la peau) et responsable d'infections urinaires chez la jeune femme.

---

[1] Multiplier par 35 serait plus proche de la réalité mais les protocoles du laboratoire de microbiologie d'API préconisent de multiplier par 30.

3. Numération d'une suspension

Une suspension microbienne est préparée en dissociant des colonies dans l'eau peptonée 1%. La numération de la suspension est effectuée par lecture de la densité optique à une longueur d'onde de 620 nm après agitation au Vortex. Pour cela, on utilise le spectromètre UV visible à une longueur d'onde de 620 nm. La solution est considérée à une certaine concentration qui est vérifiée sur milieu TSA par la méthode en surface (dépôt de 0,1 ml sur la surface d'une gélose).

L'utilisation du spectrophotomètre permet de mesurer la concentration microbienne. En effet, micro-organismes dévient la lumière : la quantité de lumière transmise par le système est d'autant plus faible que le nombre de micro-organismes est important. (7)

Par exemple, une DO de 0,105 pour *Staphylococcus aureus* permet de considérer la suspension à 10^7 bactéries/ml. Le nombre de colonies obtenu est de 240 sur une gélose TSA, ce qui permet de considérer la suspension à $2,5.10^7$. (cf. Annexe 2).

4. Congélation et décongélation

La conservation d'une suspension dont on connait la concentration, à laquelle on a ajouté du glycérol stérile à 10%, se fait par congélation à -80°C dans des cryotubes à vis (cf. Figure 3) (8).

Un cryotube décongelé ne pourra, en aucun cas, être recongelé.

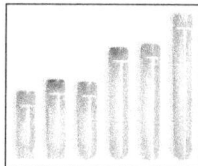

Figure 3 : Cryotubes

II. MILIEUX DE CULTURE UTILISES

Sur le site de production d'API, trois types de milieux de culture sont utilisés pour le monitoring de l'environnement (fournisseur Biotest Heipha®) :

- les géloses ICR (référence 030826e)
- les géloses de contact ICR+ (référence 820)
- les bandelettes de géloses TCIγ (référence 941125)

A. LES GELOSES ICR ET ICR+

Les milieux de culture ICR et ICR+ sont des géloses TSA (Trypticase Soy Agar) additionnées d'un mélange d'agents neutralisants : lécithine, tween 80, histidine et thiosulfate de sodium (LTHTh).

Les géloses ICR ont un diamètre de 90 mm à la différence de leur homologue de contact qui ont un diamètre de 45 mm.

Lors de l'étude de la fertilité des milieux de culture en fonction de l'ordre des températures d'incubation, seules les géloses ICR seront testées.

Le milieu TSA est un milieu convenant à la culture de la plupart des bactéries et des levures et moisissures. Il peut être incubé dans des conditions d'aérobie ou d'anaérobie.

Il est composé de peptone trypsique de caséine (15 g/L), de peptone papaïnique de soja (5 g/L), de chlorure de sodium (5 g/L) et d'agar (15 g/L).

Les peptones résultent de la digestion enzymatique de matières protéiques telles que la viande, la caséine ou le soja. Leur composition est très variable selon la nature des protéines et des enzymes protéolytiques utilisées pour leur fabrication (9). On distingue plusieurs variétés de peptones : la peptone pepsique obtenue par l'action de la pepsine en milieu très acide contient une proportion importante de peptides de masse moléculaire élevée et est dépourvue d'acides minés libre. La peptone trypsique résulte de l'action de la trypsine. La peptone papaïnique est obtenue grâce à la papaïne présente dans le latex. La peptone pancréatique provient de l'action de la pancréatine, mélange très actif d'une trypsine, d'une lipase et d'une amylase. Les trois dernières peptones renferment toutes trois beaucoup d'acides aminés libres et d'oligopeptides (10).

La combinaison des peptones trypsique de caséine et papaïnique de soja fournit donc aux micro-organismes des acides aminés essentiels et des peptides de bas poids moléculaire. De plus, la peptone papaïnique de soja renferme une grande quantité de vitamines et de glucides, ce qui convient à la culture des levures et moisissures ainsi qu'aux micro-organismes exigeants (*Neisseriaceae* en particulier) (11).

Quatre agents neutralisants sont additionnés au milieu TSA pour inhiber l'effet des désinfectants et des antiseptiques.

La lécithine (cf. Figure 4) correspond à un phospholipide très répandu dans les tissus animaux et végétaux, la phosphatidylcholine. Elle est formée d'une molécule de glycérol dont deux fonctions alcools sont estérifiés par deux acides gras à longue chaîne : le plus souvent, un acide gras saturé et un acide gras insaturé. La troisième fonction alcool est estérifiée par une molécule d'acide phosphorique, lui-même lié à une base azotée, la choline (12).

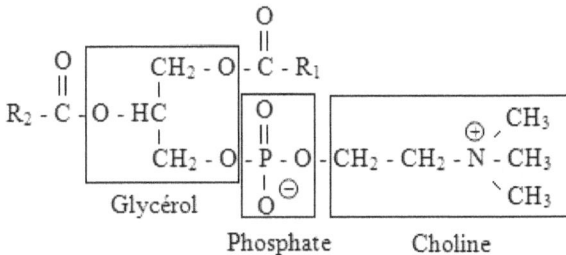

Figure 4 : Lécithine

La lécithine permet la neutralisation des parabènes (cf. Figure 5) ou **para**hydroxy**ben**zoate d'alkyle, qui résultent d'une réaction d'estérification (cf. Annexe 1 : Lexique) entre un acide parahydroxybenzoique et un alcane (cf. Annexe 1 : Lexique) dont la longueur de la chaîne carbonée et la conformation sont variables. Ils sont utilisés comme agents conservateurs dans les aliments, les boissons, les cosmétiques et les produits pharmaceutiques (13). Leur mode d'action est mal connu mais il passerait par la désorganisation du transport membranaire ou l'inhibition de la synthèse de l'ADN ou de l'ARN ou encore par l'inhibition de certaines enzymes comme des ATPase bactériennes (14).

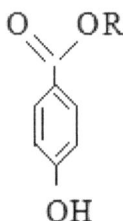

Figure 5 : Structure générale d'un parabène (R = groupement alkyle)

La lécithine permet également l'inactivation de la chlorhexidine, biguanide antiseptique bactéricide et fongicide qui agit par altération des protéines, notamment celles des membranes bactériennes par l'intermédiaire probablement de ses groupes biguanides (15).

Les composés à ammoniums quaternaires (cf. Figure 6) sont des détergents cationiques bipolaires (cf. Annexe 1 : lexique) : ils ont une extrémité polaire hydrophile qui contient un azote quaternaire chargé positivement et une extrémité non polaire hydrophobe. Leur activité bactéricide vient de leur aptitude à détériorer les membranes et à dénaturer les protéines (5). Ils sont également neutralisés par la lécithine.

$$\text{H}_{2n+1}\text{C}_n - \underset{\underset{\text{CH}_3}{|}}{\overset{\overset{\text{CH}_3}{|}}{\text{N}^+}} - \text{CH}_2 - \left\langle\!\!\bigcirc\!\!\right\rangle - \text{Cl}^-$$

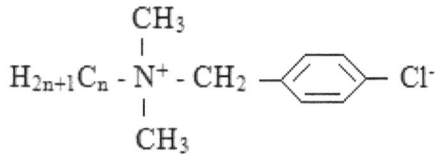

Figure 6 : Chlorure de benzalkonium (principal ammonium quaternaire)

Le tween 80 (cf. Figure 7), connu également sous le nom de polysorbate 80, est un agent tensioactif non ionique. Sa dénomination chimique est polyoxyéthylène sorbitane mono-oléate de formule chimique $C_{64}H_{124}O_{26}$. Il permet la neutralisation des groupements phénoliques (16), qui agissent par dénaturation des protéines et par altération des membranes cellulaires (5).

L'association entre la lécithine et le tween 80 permet la neutralisation des alcools, bactéricides et fongicides par dénaturation des protéines (16).

HO - [CH₂ - CH₂ - O]w

[O - CH₂ - CH₂]x - OH

w + x + y + z = 20

Produit de déshydratation du sorbitol,
sucre de formule brute $C_6H_{14}O_6$

O — CH — [O - CH₂ - CH₂]y - OH

CH₂ - [O - CH₂ - CH₂]z - O — C

(CH₂)₇

CH = CH

(CH₂)₇

CH₃

CH₂OH
H —— OH
HO —— H
H —— OH
H —— OH
CH₂OH

Acide oléique
estérifié de formule C18 : 1 (9)
= mono-oléate

Groupements polyoxyéthylène = polyéthylène glycol = macrogol

H ⎡ O ⎤ OH
⎣   ⎦n ≥ 4

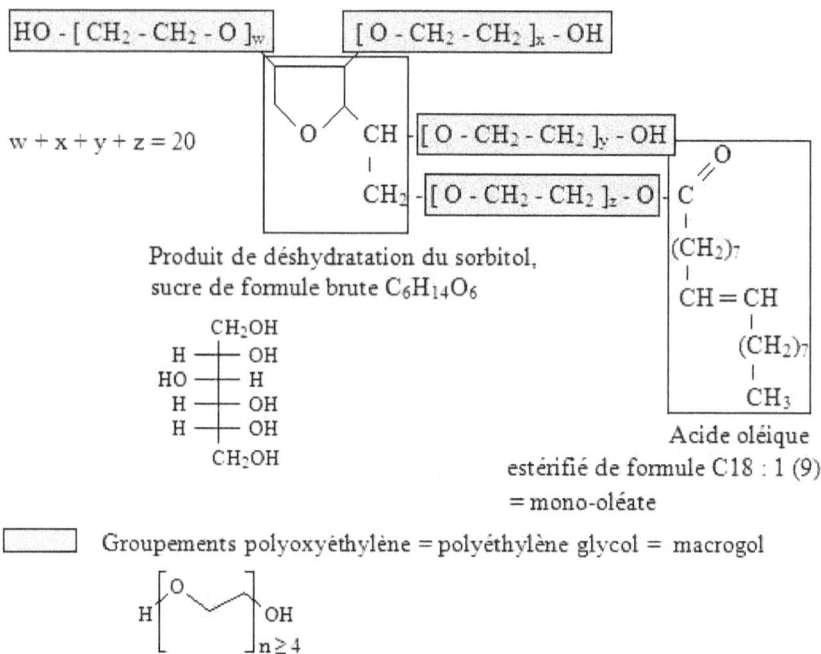

Figure 7 : Tween 80

L'histidine (cf. Figure 8) est un des vingt acides aminés essentiels, il possède un cycle imidazole. Il permet la neutralisation des aldéhydes (cf. Annexe 1 : lexique), désinfectants de surface qui provoquent une dénaturation des acides nucléiques et des protéines des microorganismes.

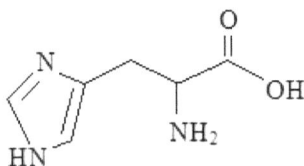

Figure 8 : Histidine

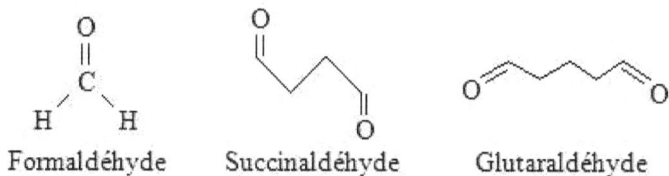

Formaldéhyde   Succinaldéhyde   Glutaraldéhyde

Figure 9 : Les principaux aldéhydes désinfectants

Le thiosulfate de sodium est un hydrate (cf. Annexe 1 : Lexique) de formule brute $Na_2S_2O_3$, $5H_2O$ (cf. Figure 10). Il permet la neutralisation de l'iode et du chlore, éléments chimiques de la famille des halogènes possédant des propriétés antiseptiques à large spectre.

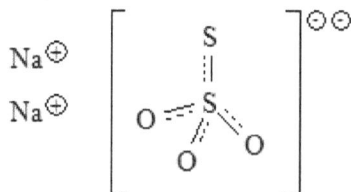

Figure 10 : Thiosulfate de sodium

Les antiseptiques iodés, qu'il s'agisse de la teinture d'iode, de l'alcool iodé ou de molécules organiques iodées (povidone iodée, Bétadine®), servent d'antiseptiques de la peau et agissent par libération d'iode sous forme de I_2. Ce dernier tue en oxydant les constituants cellulaires et en iodant les protéines cellulaires (5). L'iodure I^- est une forme inactive (15). Les couples rédox (oxydant/réducteur) utilisé pour la neutralisation sont : I_2/I^- et $S_4O_6^{2-}/S_2O_3^{2-}$.

L'équation bilan d'oxydo-réduction de la neutralisation de l'iode est donc :

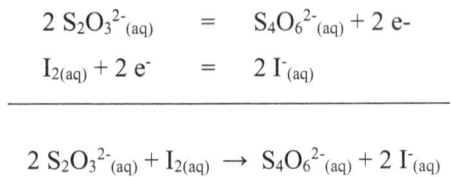

$$2\ S_2O_3^{2-}{}_{(aq)} \quad = \quad S_4O_6^{2-}{}_{(aq)} + 2\ e^-$$
$$I_{2(aq)} + 2\ e^- \quad = \quad 2\ I^-{}_{(aq)}$$

$$2\ S_2O_3^{2-}{}_{(aq)} + I_{2(aq)} \rightarrow S_4O_6^{2-}{}_{(aq)} + 2\ I^-{}_{(aq)}$$

Le chlore se présente sous plusieurs formes actives : le dichlore Cl_2, l'anion hypochlorite ClO^- et l'acide hypochloreux $HClO$. Ces trois formes sont présentes en solution et ont un pouvoir antiseptique utilisé en médecine (Dakin stabilisé Cooper®) et dans la désinfection des piscines (eau de Javel). $HClO$ est un acide faible dont la base conjuguée est l'ion hypochlorite ClO^- et on observe un équilibre acido-basique $HClO \leftrightarrow H^+ + ClO^-$. Quand le chlore Cl_2 est ajouté à l'eau, il réagit pour former un mélange à l'équilibre dépendant du pH composé du chlore, de l'acide hypochloreux et de l'acide chlorhydrique :

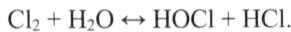

$$Cl_2 + H_2O \leftrightarrow HOCl + HCl.$$

Le thiosulfate de sodium permet la neutralisation du chlore Cl_2 selon la réaction d'oxydo-réduction (couple rédox : Cl_2/Cl^- et $S_4O_6^{2-}/ S_2O_3^{2-}$) :

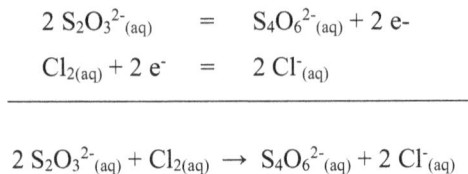

$$2\ S_2O_3^{2-}{}_{(aq)} \quad = \quad S_4O_6^{2-}{}_{(aq)} + 2\ e^-$$
$$Cl_{2(aq)} + 2\ e^- \quad = \quad 2\ Cl^-{}_{(aq)}$$

$$2\ S_2O_3^{2-}{}_{(aq)} + Cl_{2(aq)} \rightarrow S_4O_6^{2-}{}_{(aq)} + 2\ Cl^-{}_{(aq)}$$

	GRAM +	GRAM -	MYCO-BACTERIES	CHAMPIGNONS	VIRUS	SPORES
Ammonium quaternaires	+++	+	-	++	+/-	-
Biguanide	+++	++	-	+	-	-
Parabènes	+++	+	-	++	-	+/-
Dérivés phénoliques	+++	+++	+	+	+/-	-
Alcools	+++	+++	++	+	+	-
Aldéhydes	+++	+++	+	++	+	++
Composés iodés (Bétadine®)	+++	+++	++	++	++	++
Composés chlorés (eau de javel, Dakin®)	+++	+++	+	+	++	++

Tableau 4 : Spectre d'activité de différents désinfectants

L'effet neutralisant du milieu TSA avec LTHTh est étudié (17) sur trois désinfectants en comparaison au milieu TSA sans LTHTh : le Sterillium®, le Dismozon® pur et le Chloroclens® pur qui représentent les substances actives suivantes : alcool, ammonium quaternaire, peroxyde et hypochlorite (cf. Tableau 5).

Désinfectants	Utilisation	Substances Actives	Formulation	Dosage	Volume utilisé par gélose pour le test
Sterillium®	Désinfection des mains et de la peau saine	Alcools et Ammonium quaternaire	➢ 2-propanol (45%), ➢ 1-propanol (30%), ➢ mécétronium étilsulfate (0.2%)	Non dilué	20 µl / boîte
Dismozon® pur	Désinfection des surfaces	Peroxyde (R-O-O-R')	Magnesium monoperoxyphtalate hexahydrate (80%)	0,75%	250 µl / boîte
Chloroclens® pur	Désinfection des surfaces	Hypochlorite (ClO⁻)	Hypochlorite de sodium (0,5%)	Non dilué	250 µl / boîte

Tableau 5 : Tableau descriptif des désinfectants utilisés pour l'étude

Un volume de désinfectant est étalé sur la gélose qui est ensuite ensemencée avec une quantité de bactéries comprise entre 10 et 100 UFC. Les souches bactériennes utilisées sont : *Staphylococcus aureus* ATCC 6538, *Staphylococcus epidermidis* ATCC 14990, *Bacillus subtilis* ATCC 6633, *Escherichia coli* ATCC 8739 et *Pseudomonas aeruginosa* ATCC 9027. Les milieux de culture sont ensuite incubés à 34°C ± 1°C pendant 22h ± 2h. Des milieux de culture identiques sans désinfectants sont utilisés comme référence et sont inoculés de la même manière. Les colonies bactériennes sont ensuite dénombrées. Le pourcentage de recouvrement est calculé entre la quantité de colonies obtenues sur les milieux de référence et sur les milieux TSA avec désinfectants.

Escherichia coli

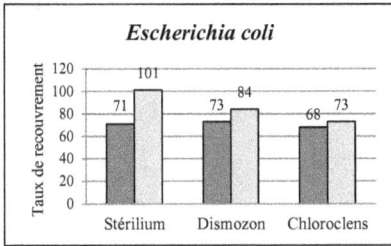

Figure 11 : *Escherichia coli*

Bacillus subtilis

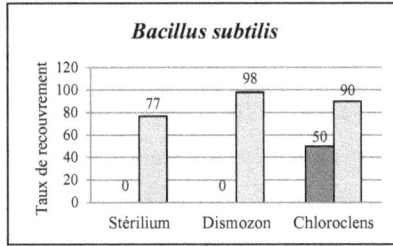

Figure 12 : *Bacillus subtilis*

Staphylococcus aureus

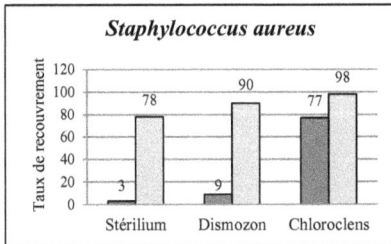

Figure 12 : *Staphylococcus aureus*

Staphylococcus epidermidis

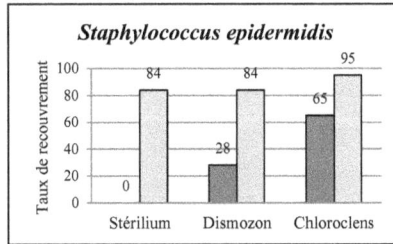

Figure 11 : *Staphylococcus epidermidis*

Pseudomonas aeruginosa

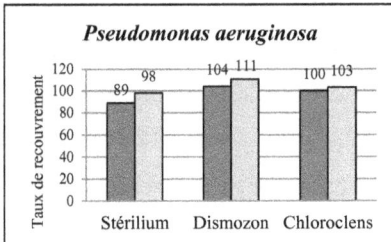

Figure 13 : *Pseudomonas aeruginosa*

Figures 11 à 15 : Taux de recouvrement de cinq micro-organismes testés sur milieu TSA et sur milieu TSA additionné de neutralisants LTHTh

■ : TSA

□ : TSA + LTHTh

Pour les milieux de culture TSA avec LTHTh, on observe des taux de recouvrement supérieurs à 75% pour les cinq souches bactériennes testées. Sur les géloses TSA sans LTHTh, on observe une réduction voire une absence de croissance microbienne. On observe par ailleurs, que le Sterillium® et le Dismozon® sont particulièrement efficaces sur les Gram+ alors que le Chloroclens® a une faible action sur les cinq micro-organismes testés.

Les géloses ICR et ICR+ sont gamma-irradiées, triplement emballées et imperméable au peroxyde d'hydrogène H_2O_2, liquide fortement réactif utilisé sous forme de vapeur (VHP) pour décontaminer les hottes de sécurité biologiques et les isolateurs présents dans les ateliers antimitotiques d'API.

Les phases de décontamination au VHP des isolateurs sont suivies d'un cycle d'aération mais des résidus de H_2O_2 restent à la surface et dans l'air des isolateurs. Ces faibles quantités de H_2O_2 résiduel s'accumulent dans la gélose et inhibe ainsi la croissance microbienne. Pour cette raison, des milieux qui neutralisent les résidus de H_2O_2 sont utilisés afin d'assurer une sécurité maximale dans le contrôle hygiénique des isolateurs.

Préparation des milieux de culture ICR par le fournisseur Biotest Heipha® : les boîtes vides sont remplies dans des conditions aseptiques avec le milieu TSA + LTHTh préalablement autoclavé. Après le processus de remplissage, les boîtes sont ensachées par dix dans un sachet intérieur transparent appelé sachet isolateur en incluant un sachet de dessicant. Ce dernier protège les géloses contre le peroxyde d'hydrogène.

Le fournisseur a réalisé une étude sur l'imperméabilité de ces sachets isolateurs au H_2O_2 (18). Deux tests ont été réalisés dans lesquels les sachets isolateurs sont remplis de 300 ml d'eau (ils ont une capacité de 500 ml) puis scellés de la même manière que lorsque les boîtes de milieu de culture sont enveloppées. Pour le premier test, les sachets sont immergés une heure et demie dans une solution de 35% d' H_2O_2. Les sachets sont ensuite rincés puis séchés. Dans chaque sachet, un échantillon d'eau est prélevé et le taux de peroxyde d'hydrogène est mesuré. Le second test consiste à placer les sachets plein d'eau dans un isolateur. Deux cycles de stérilisation sont effectués et le taux d'H_2O_2 est mesuré de la même manière. Les résultats obtenus dans les deux cas n'excédent pas 0,5 mg/L soit 0,5 ppm d' H_2O_2. Or les valeurs acceptables sont comprises entre 2 et 5 ppm. On peut en conclure que la qualité des milieux de culture se trouvant à l'intérieur du sachet n'est pas affecté par l' H_2O_2.

Le sachet intérieur est lui-même conditionné dans deux autres sachets dont le plus extérieur, plus résistant, est destiné à réduire les risques d'altérations mécaniques éventuelles liés au transport et au stockage.

Dans les 48h après la production, le conditionnement des boites en sachet triple est irradié à des doses comprises entre 9 et 20 kGy (kilo gray).

Les géloses sont conservées à l'endroit à température ambiante (15-25°C). Leur positionnement correct à température constante ainsi que la présence de l'agent dessicant minimisent les risques de condensation.

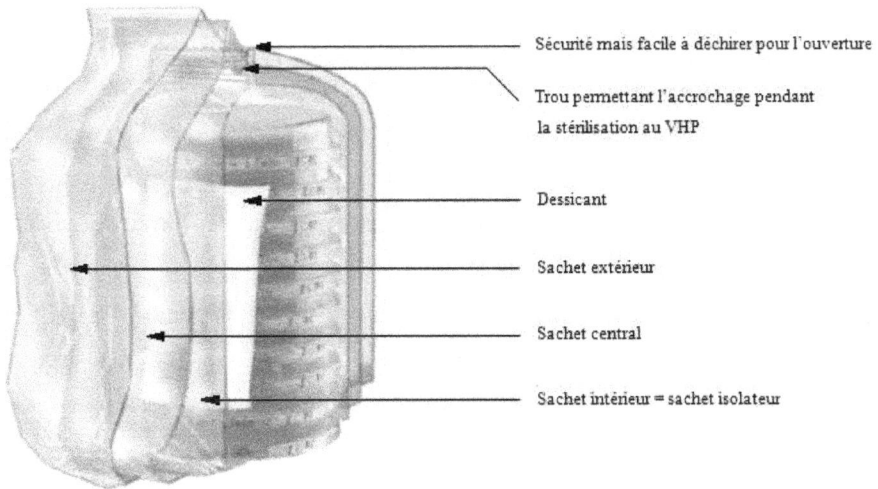

Sécurité mais facile à déchirer pour l'ouverture

Trou permettant l'accrochage pendant la stérilisation au VHP

Dessicant

Sachet extérieur

Sachet central

Sachet intérieur = sachet isolateur

Figure 14 : Emballage des géloses ICR

Les boites contact ICR+ ont une caractéristique spéciale qui consiste en la possibilité de verrouiller le couvercle des boîtes de deux manières différentes.

En tournant le couvercle dans le sens des aiguilles d'une montre, position « closed », le couvercle est verrouillé hermétiquement sur la boite. Cette position est recommandée pour des durées d'incubation prolongées en aérobiose, spécialement dans des atmosphères avec une humidité relative.

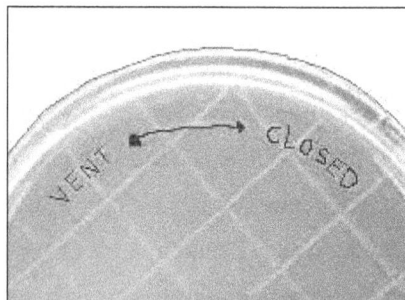

Figure 15 : Système de verrouillage des géloses de contact ICR+

En tournant le couvercle dans le sens inverse des aiguilles d'une montre, position « vent », le couvercle est verrouillé en position relevée. Cette position est adaptée pour des durées d'incubation usuelles sous des conditions d'aérobiose ou d'anaérobiose. Elle permet une optimisation des échanges gazeux. La croissance des micro-organismes qui ont des exigences élevées en oxygène pourrait même être favorisée par cette position du couvercle.

Une étude (19) de la croissance des micro-organismes sur les géloses ICR+ a montré que les souches anaérobies poussaient uniquement sur les boîtes ICR+ avec le couvercle en position « vent », ce qui confirme un échange gazeux suffisant.

B. LES BANDELETTES DE GELOSES TCIγ

Les géloses TCIγ sont des milieux de culture coulés sur bandelettes flexibles pour la détermination des taux microbiologiques dans l'air avec les collecteurs de micro-organismes. Ces géloses permettent le dénombrement des micro-organismes totaux.

Elles sont composées de milieu TSA mais avec des proportions un peu différentes que les géloses ICR : peptone trypsique de caséine (7,5 g/L), peptone papaïnique de soja (2,5 g/L), chlorure de sodium (2,5 g/L) et agar (19 g/L). Elles sont supplémentées de deux neutralisants : la lécithine (cf. Figure 4) et le tween 80 (cf. Figure 7).

Les bandelettes de géloses sont stockées de 2°C à 25°C (température ambiante possible) dans leur emballage d'origine avec la face gélosée vers le bas.

Les bandelettes de gélose sont glissées dans un emballage individuel refermable. De plus, elles sont présentées par 10 dans un double emballage stérile, puis gamma-irradiées.

Le contrôle microbiologique de l'air des salles de la ZAC se fait par la méthode de prélèvements par impaction dont le principe peut être décrit comme suit : les micro-organismes sont projetés sur un milieu gélosé grâce à un système d'aspiration entraîné par un moteur électrique (3).

Une étude (20) compare les types de géloses TCIγ et TCγ (sans neutralisants). Après prélèvement de 1000 litres d'air, les bandelettes TCIγ ont un niveau d'accumulation du peroxyde d'hydrogène de 0 ppm après un cycle de stérilisation et toujours 0 ppm d'H_2O_2 après trois gazages. A la différence des géloses TCγ qui après un unique cycle de stérilisation, montre une concentration de 1,5 ppm lorsqu'elles sont fermées et non emballées (cf. Tableau 6). Cette étude démontre ainsi que les géloses TCIγ conviennent le mieux pour le contrôle de l'air dans les isolateurs grâce à leur effet neutralisant du peroxyde d'hydrogène.

Concentration du peroxyde d'hydrogène en ppm	TSA	TCγ		TCIγ	
	Emballé	Double emballage	Fermée et non emballée	Fermée et non emballée	
	Gazage au H_2O_2	Gazage au H_2O_2		Gazage au H_2O_2	3 cycles de gazage au H_2O_2
	1,5	1,0	1,5	0	0

Tableau 6 : Concentration du peroxyde d'hydrogène sur les géloses TCγ et TCIγ

En routine, le MAS-100 NT® (Microbial Air monitoring Systems) des laboratoires Merck est utilisé pour le contrôle de l'air dans les salles de la ZAC. Il s'utilise avec des boîtes de Pétri de 90 mm (les géloses ICR sont donc utilisées). Pour les isolateurs, Les prélèvements s'effectuent à l'aide du RCS High Flow de Biotest car il est imperméable au peroxyde d'hydrogène. Il s'utilise avec les bandelettes de géloses TCIγ.

Les deux collecteurs de micro-organisme ont un débit de 100 l/min (3).

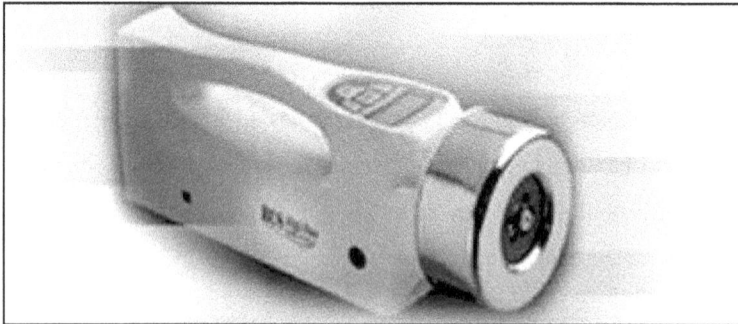

Figure 16: RCS High Flow de Biotest

III. FERTILITE DES MILIEUX DE CULTURE

Un protocole de validation portant le titre « Validation des conditions optimum de mise en incubation des géloses utilisées pour le monitoring de l'environnement » est rédigé (cf. Annexe 3). L'objectif de la validation est de vérifier que les propriétés nutritives des géloses utilisées à API pour le monitoring de l'environnement sont conformes aux normes requises par les cGMP et les Pharmacopées Européenne et Américaine (USP) en vigueur quel que soit l'ordre des températures d'incubation.

Pour l'étude de la fertilité des milieux de culture, les milieux sont ensemencés avec un inoculum d'au maximum 100 UFC, selon les Pharmacopées Européenne et Américaine (21) (22). Pour obtenir cette quantité de colonies, 0,1 ml de suspension à 10^3 germes/ml est déposée sur le milieu de culture selon la méthode en surface.

Pour chaque micro-organisme, deux géloses de la même référence seront ensemencées comme préconisé dans les Pharmacopées Européenne et Américaine. Une moyenne des deux résultats sera calculée et utilisée pour le calcul du pourcentage de recouvrement. La croissance obtenue ne devra pas différer de plus d'un facteur 2 entre les résultats obtenus (21) (22), c'est-à dire être comprise entre 25 et 100 ufc.

Trois validations sur trois lots différents d'une même référence d'un milieu de culture seront effectuées.

Le mode opératoire est divisé en trois sous-parties :

1/ <u>Validation de la fertilité des milieux de culture à réception au laboratoire.</u>

Avant de pourvoir utiliser les milieux de culture au laboratoire de microbiologie, ces derniers doivent subir une vérification de leur fertilité. Pour cela, on ensemence les géloses d'un nouveau lot et les géloses d'un lot précédemment testé et approuvé servant de témoin positif avec 0,1 ml de suspension bactérienne à 10^3 germes / ml.

Pour les bactéries (aérobie et anaérobie), l'incubation se fait à 30-35°C pendant trois jours maximum. Pour les levures et moisissures, l'incubation s'effectue à 30-35°C pendant cinq jours maximum.

Clostridium sporogenes est incubé en anaérobiose. Pour cela, les milieux de culture ICR et TCIγ sont maintenus entrouverts et placés dans les GENBag ou GENBox (cf. Annexe 1 : lexique) pour permettre l'obtention d'une anaérobiose compatible pour la croissance des bactéries anaérobies strictes.

On effectue également un témoin négatif consistant à la vérification de l'absence de croissance microbienne à réception des milieux de culture. Une gélose de chaque lot reçu est incubée à 30-35°C pendant cinq jours maximum.

2/ <u>Validation de l'ordre des températures d'incubation des milieux de culture.</u>

Les géloses ICR et TCIγ sont ensemencés avec différents micro-organismes (cf. Tableau 3). Chaque type de géloses est séparé en deux séries :

- SERIE 1 : Les géloses sont incubés 48h minimum à 30-35°C puis cinq jours minimum à 20-25°C.
- SERIE 2 : Les géloses sont incubées cinq jours minimum à 20-25°C puis 48h minimum à 30-35°C.

3/ Validation des durées maximales d'incubation des milieux de culture.

On effectue cette validation pour couvrir tous les cas de figure possible observés lors du travail de routine, y compris les coupures dues à des jours fériés. On détermine une durée de sept jours pour chaque température. Les géloses ICR et TCIγ sont ensemencées de la même manière que précédemment puis séparées en deux séries :

- SERIE 3 : Les géloses sont incubées sept jours à 30-35°C puis sept jours à 20-25°C
- SERIE 4 : Les géloses sont incubées sept jours à 20-25°C puis sept jours à 30-35°C.

Pour chaque micro-organisme étudié, l'ensemencement des milieux de culture ICR et TCIγ a eu lieu le même jour pour tous les lots et les quatre séries d'incubation. Cependant, les fertilités ont été réalisées antérieurement.

	Numéro de Lot	Date de péremption
Gélose ICR Biotest® **(Référence 030826e)**	96296	16.10.2010
	96825	12.11.2010
	97215	05.12.2010
Gélose TCIγ Biotest® **(Référence 941125)**	4007012	14.08.2010
	4008009	21.08.2010
	4009001	28.08.2010

Tableau 7 : Milieux de culture utilisés pour la validation

PARTIE III

RESULTATS

Les tableaux de présentation des résultats présentent le nombre de colonies dénombrées sur les milieux de culture.

Sont indiqués les résultats obtenus sur deux géloses du même lot pour chaque micro-organisme ainsi que la moyenne obtenue entre ces deux géloses qui sert au calcul du pourcentage de recouvrement selon la formule :

$$\% recouvrement = 100 - \frac{|Y - Z|}{X} \times 100$$

<u>Avec</u> :

Y = moyenne du nombre de colonies (en ufc) de la première série en comparaison

Z = moyenne du nombre de colonies (en ufc) de la seconde série en comparaison

X = moyenne la plus élevée des deux séries comparées

<u>Pour que le facteur 2 soit respecté, le pourcentage de recouvrement doit être supérieur à 50%.</u>

I. LES MILIEUX DE CULTURE ICR

1. Propriétés nutritives à réception

Les trois lots N° 96825, N° 98080 et N° 98180 sont comparés au lot témoin précédemment testé et approuvé N° 98248.

Les bactéries sont incubées à 30-35°C pendant trois jours maximum et les levures et moisissures sont incubées à 30-35°C pendant cinq jours maximum.

L'absence de croissance microbienne après incubation à 30-35°C pendant cinq jours maximum a bien été vérifiée pour chaque numéro de lot.

SOUCHES		LOT 96825				
		TEMOIN (UFC/ml)	Moyenne Témoin	LOT 96825 (UFC/ml)	Moyenne Essai	%
Staphylococcus aureus	ATCC 6538	24	20	22	13	18	15,5	70
Pseudomonas aeruginosa	ATCC 9027	9	13	11	10	14	12	92
Candida albicans	ATCC 10231	51	55	53	53	44	48,5	92
Aspergillus brasiliensis	ATCC 16404	20	13	16,5	17	19	18	92
Bacillus subtilis	ATCC 6633	29	35	32	31	36	33,5	96
Escherichia coli	ATCC 8739	44	53	48,5	27	35	31	64
Clostridium sporogenes	ATCC 11437	82	91	86,5	86	89	87,5	99
Staphylococcus saprophyticus	Germe de l'environnement	40	48	44	59	62	60,5	73

Tableau 8 : Résultats des propriétés nutritives du lot 96825

On observe des pourcentages de recouvrement supérieurs à 90% sur les milieux des lots 96825 et 98080 pour les cinq micro-organismes suivants : *Pseudomonas aeruginosa*, *Candida albicans*, *Aspergillus brasiliensis*, *Bacillus subtilis* et *Clostridium sporogenes*. Sur les milieux du lot 98180, ces pourcentages sont toujours supérieurs à 90% pour *Candida albicans*, *Aspergillus brasiliensis* et *Clostridium sporogenes* alors qu'ils diminuent légèrement pour *Pseudomonas aeruginosa* (86%) et pour *Bacillus subtilis* (89%).

| SOUCHES | | LOT 98080 | | | | |
		TEMOIN (UFC/ml)	Moyenne Témoin	LOT 98080 (UFC/ml)	Moyenne Essai	%
Staphylococcus aureus	ATCC 6538	24	20	22	35	37	36	61
Pseudomonas aeruginosa	ATCC 9027	9	13	11	7	13	10	91
Candida albicans	ATCC 10231	51	55	53	39	58	48,5	92
Aspergillus brasiliensis	ATCC 16404	20	13	16,5	20	11	15,5	94
Bacillus subtilis	ATCC 6633	29	35	32	34	28	31	97
Escherichia coli	ATCC 8739	44	53	48,5	35	39	37	76
Clostridium sporogenes	ATCC 11437	82	91	86,5	94	91	92,5	94
Staphylococcus saprophyticus	Germe de l'environnement	40	48	44	55	51	53	83

Tableau 9 : Résultats des propriétés nutritives du lot 98080

On observe des pourcentages de recouvrement variables pour *Staphylococcus aureus* : 70%, 61% et 83%. Ceci s'explique par des moyennes très différentes d'un essai à un autre : 15,5 ufc, 36 ufc et 26,5 ufc avec une moyenne de 22 ufc pour le témoin.

On observe le même phénomène pour *Escherichia coli* avec des pourcentages de recouvrement de : 64%, 76% et 81%. En effet, les moyennes obtenues pour les essais sont bien inférieures (31 ufc, 37 ufc et 39,5 ufc) à la moyenne du témoin de 48,5 ufc.

SOUCHES		LOT 98180					
		TEMOIN (UFC/ml)	Moyenne Témoin	LOT 98180 (UFC/ml)		Moyenne Essai	%
Staphylococcus aureus	ATCC 6538	24	20	22	31	22	26,5	83
Pseudomonas aeruginosa	ATCC 9027	9	13	11	8	11	9,5	86
Candida albicans	ATCC 10231	51	55	53	41	57	49	92
Aspergillus brasiliensis	ATCC 16404	20	13	16,5	13	18	15,5	94
Bacillus subtilis	ATCC 6633	29	35	32	31	26	28,5	89
Escherichia coli	ATCC 8739	44	53	48,5	39	40	39,5	81
Clostridium sporogenes	ATCC 11437	82	91	86,5	98	95	96,5	90
Staphylococcus saprophyticus	Germe de l'environnement	40	48	44	49	56	52,5	84

Tableau 10 : Résultats des propriétés nutritives du lot 98180

Quand à *Staphylococcus saprophyticus*, les moyennes des essais (60,5 ufc, 53 ufc et 52,5 ufc) sont un peu supérieur à la moyenne du témoin (44 ufc), ce qui entraine des pourcentages de recouvrement de 73%, 83% et 84%.

Pour chaque lot testé et pour chaque micro-organisme ensemencé, le pourcentage de recouvrement est supérieur à 100%, le facteur 2 est donc bien respecté.

Les milieux de culture ICR des trois lots reçus sont utilisables pour l'étude de l'influence de l'ordre des températures sur la fertilité.

2. Validation de l'ordre des températures d'incubation

Une partie des milieux de culture ICR sont ensemencés puis incubés pendant 48h minimum à 30-35°C puis pendant cinq jours minimum à 20-25°C, c'est la SERIE 1.

L'autre partie est ensemencée puis incubé pendant cinq jours minimum à 20-25°C puis pendant 48h minimum à 30-35°C, c'est la SERIE 2.

Les colonies sont ensuite dénombrées sur chaque gélose et le pourcentage de recouvrement est calculé selon la formule détaillée plus haut.

SOUCHES		LOT 96825					
		SERIE 1 (UFC/ml)	Moyenne Série 1	SERIE 2 (UFC/ml)		Moyenne Série 2	%
Staphylococcus aureus	ATCC 6538	9	29	19	17	15	16	84
Pseudomonas aeruginosa	ATCC 9027	52	64	58	53	38	45,5	78
Candida albicans	ATCC 10231	54	52	53	63	58	60,5	88
Aspergillus brasiliensis	ATCC 16404	17	20	18,5	31	35	33	56
Bacillus subtilis	ATCC 6633	39	38	38,5	51	60	55,5	69
Escherichia coli	ATCC 8739	26	22	24	26	24	25	96
Clostridium sporogenes	ATCC 11437	95	87	91	21	28	24,5	27
Staphylococcus saprophyticus	Germe de l'environnement	67	52	59,5	61	42	51,5	87

Tableau 11 : Résultats de la comparaison de l'ordre des températures d'incubation du lot 96825

Les pourcentages de recouvrement de tous les micro-organismes excepté *Clostridium sporogenes* sont supérieurs à 50%, ce qui indique que l'essai est validé.

Les moyennes du nombre de colonies de *Staphylococcus aureus* comprises entre 14,5 ufc et 19 ufc sont légèrement inférieures aux résultats obtenus lors des propriétés nutritives, étant donné que ces derniers étaient de 22 ufc pour le lot témoin et de 15,5 ufc, 36 ufc et 26,5 ufc pour les trois lots essais.

Sur les milieux de culture des lots 96825 et 98080, on observe des moyennes du nombre de colonies de *Pseudomonas aeruginosa* allant de 39 à 58 ufc. Cependant, sur les géloses du lot 98180, les moyennes sont de 20 ufc et 21,5 ufc.

Les moyennes du nombre de colonies de *Candida albicans* sont du même ordre de grandeur entre les séries 1 et 2 et les propriétés nutritives. On observe seulement lors de la validation de l'ordre des températures d'incubation, une élévation du nombre de colonies sur le lot 98180 où on obtient des moyennes de 76 et 63 ufc.

On observe un meilleur développement *d'Aspergillus brasiliensis* lors de l'incubation cinq jours à 20-25°C puis 48h à 30-35°C. En effet, les moyennes du nombre de colonies augmentent lors de la série 2 : 33 ufc, 31 ufc et 34,5 ufc contre 18,5 ufc, 22 ufc et 27,5 ufc pour la série 1.

SOUCHES		LOT 98080				
		SERIE 1 (UFC/ml)	Moyenne Série 1	SERIE 2 (UFC/ml)	Moyenne Série 2	%
Staphylococcus aureus	ATCC 6538	16	13	14,5	18	16	17	85
Pseudomonas aeruginosa	ATCC 9027	46	53	49,5	38	40	39	79
Candida albicans	ATCC 10231	48	49	48,5	57	55	56	87
Aspergillus brasiliensis	ATCC 16404	25	19	22	30	32	31	71
Bacillus subtilis	ATCC 6633	54	62	58	46	61	53,5	92
Escherichia coli	ATCC 8739	25	26	25,5	25	26	25,5	100
Clostridium sporogenes	ATCC 11437	90	94	92	18	35	26,5	29
Staphylococcus saprophyticus	Germe de l'environnement	47	43	45	68	53	60,5	74

Tableau 12 : Résultats de la comparaison de l'ordre des températures d'incubation du lot 98080

Les moyennes du nombre de colonies de *Bacillus subtilis* sont plus élevées lors de la validation de l'ordre des températures d'incubation que lors des propriétés nutritives. En effet, on observe des moyennes comprises entre 38,5 et 58 ufc pour les milieux de culture des séries 1 et 2 et des moyennes entre 28,5 et 33,5 ufc pour les propriétés nutritives à réception des milieux de culture.

Pour *Escherichia coli*, on observe des pourcentages de recouvrement supérieurs à 95%. Cependant, sur les géloses du lot 98180, le nombre de colonies est plus élevé d'environ 10 ufc : on observe des moyennes de 34 ufc et 35,5 ufc pour ce lot et des moyennes allant de 24 à 25,5 ufc pour les deux autres lots.

Les pourcentages de recouvrement sont inférieurs à 50% pour *Clostridium sporogenes* : 27%, 29% et 32%. On observe une diminution du nombre de colonies lors de l'incubation cinq jours à 20-25°C puis 48h à 30-35°C. En effet, on dénombre entre 18 et 35 colonies lors de la série 2 alors que pour la série 1, on obtient entre 87 et 95 ufc.

Pour *Staphylococcus saprophyticus*, les pourcentages de recouvrement sont supérieurs à 70% et les moyennes des colonies dénombrées sont du même ordre de grandeur entre les deux séries.

SOUCHES		LOT 98180					
		SERIE 1 (UFC/ml)		Moyenne Série 1	SERIE 2 (UFC/ml)		Moyenne Série 2	%
Staphylococcus aureus	ATCC 6538	13	17	15	19	13	16	94
Pseudomonas aeruginosa	ATCC 9027	20	20	20	15	28	21,5	93
Candida albicans	ATCC 10231	73	79	76	60	66	63	83
Aspergillus brasiliensis	ATCC 16404	26	29	27,5	31	38	34,5	80
Bacillus subtilis	ATCC 6633	42	52	47	53	54	53,5	88
Escherichia coli	ATCC 8739	31	40	35,5	38	30	34	96
Clostridium sporogenes	ATCC 11437	91	92	91,5	24	35	29,5	32
Staphylococcus saprophyticus	Germe de l'environnement	46	63	54,5	64	42	53	97

Tableau 13 : Résultats de la comparaison de l'ordre des températures d'incubation du lot 98180

3. Validation des durées maximales d'incubation

Une partie des milieux de culture ICR est ensemencée puis incubée pendant sept jours à 30-35°C puis pendant sept jours à 20-25°C, c'est la SERIE 3.

L'autre partie des milieux de culture est ensemencée puis incubé pendant sept jours à 20-25°C puis pendant sept jours à 30-35°C, c'est la SERIE 4.

Les colonies sont ensuite dénombrées sur chaque gélose et le pourcentage de recouvrement est calculé selon la formule détaillée plus haut.

A. Validation de la durée maximale de sept jours pour chaque température lors de l'incubation à 30-35°C puis à 20-25°C : les résultats obtenus lors de la série 3 sont comparés aux résultats de la série 1.

Les pourcentages de recouvrement de tous les micro-organismes excepté *Clostridium sporogenes* sont supérieurs à 50%, ce qui indique de très bons résultats lors de la validation des durées maximales de sept jours à 30-35°C puis sept jours à 20-25°C.

SOUCHES		LOT 96825					
		SERIE 1 (UFC/ml)	Moyenne Série 1	SERIE 3 (UFC/ml)		Moyenne Série 3	%
Staphylococcus aureus	ATCC 6538	9	29	19	23	15	19	100
Pseudomonas aeruginosa	ATCC 9027	52	64	58	49	39	44	76
Candida albicans	ATCC 10231	54	52	53	71	40	55,5	95
Aspergillus brasiliensis	ATCC 16404	17	20	18,5	21	23	22	84
Bacillus subtilis	ATCC 6633	39	38	38,5	41	50	45,5	85
Escherichia coli	ATCC 8739	26	22	24	33	27	30	80
Clostridium sporogenes	ATCC 11437	95	87	91	22	45	33,5	37
Staphylococcus saprophyticus	Germe de l'environnement	67	52	59,5	39	46	42,5	71

Tableau 14 : Résultats de la validation des durées maximales d'incubation de sept jours à 30-35°C puis de sept jours à 20-25°C du lot 96825

Les moyennes du nombre de colonies de *Staphylococcus aureus* sont légèrement supérieures lors de l'incubation de sept jours à 30-35°C puis sept jours à 20-25°C (série 3).

Pour *Pseudomonas aeruginosa*, on observe la même anomalie que lors de la validation de l'ordre des températures d'incubation (série 1 et série 2) : des moyennes sur le lot 98180 de 20 et 22,5 ufc à la différence des deux autres lots où on obtient des moyennes comprises entre 34,5 et 58 ufc.

Les moyennes du nombre de colonies de *Candida albicans* sont du même ordre de grandeur entre les séries 1 et 3 mise à part la moyenne de 76 ufc obtenu sur les milieux de culture du lot 98180 qui peut certainement correspondre à une erreur de manipulation.

SOUCHES		LOT 98080					
		SERIE 1 (UFC/ml)		Moyenne Série 1	SERIE 3 (UFC/ml)		Moyenne Série 3	%
Staphylococcus aureus	ATCC 6538	16	13	14,5	16	25	20,5	71
Pseudomonas aeruginosa	ATCC 9027	46	53	49,5	38	31	34,5	70
Candida albicans	ATCC 10231	48	49	48,5	58	44	51	95
Aspergillus brasiliensis	ATCC 16404	25	19	22	23	20	21,5	98
Bacillus subtilis	ATCC 6633	54	62	58	42	47	44,5	77
Escherichia coli	ATCC 8739	25	26	25,5	32	27	29,5	86
Clostridium sporogenes	ATCC 11437	90	94	92	35	39	37	40
Staphylococcus saprophyticus	Germe de l'environnement	47	43	45	64	66	65	69

Tableau 15 : Résultats de la validation des durées maximales d'incubation de sept jours à 30-35°C puis de sept jours à 20-25°C du lot 98080

Les résultats obtenus pour *Aspergillus brasiliensis* sont homogènes pour les trois lots testés. Les moyennes du nombre de colonies sont de 18,5 ufc et 22 ufc pour les milieux de culture du lot 96825 ; 22 ufc et 21,5 ufc pour les milieux de culture du lot 98080 et un peu plus élevées pour les milieux de culture du lot 98180 : 27,5 ufc et 25,5 ufc.

Les résultats obtenus pour *Bacillus subtilis* sont du même ordre de grandeur pour les trois lots. Les moyennes du nombre de colonies sont comprises entre 38,5 et 58 ufc.

Pour le micro-organisme *Escherichia coli*, on observe des moyennes du nombre de colonies homogène avec, cependant, des moyennes plus élevées pour les milieux de culture du lot 98180 comme observés lors de la validation de l'ordre des températures d'incubation.

Les résultats de *Clostridium sporogenes* sont semblables aux moyennes obtenus lors de la validation de l'ordre des températures d'incubation. Pour la série 1, les moyennes sont de l'ordre de 91 ufc alors que, comme pour la série 2, les moyennes de la série 3 sont comprises entre 27 et 37 ufc.

Le micro-organisme de l'environnement, *Staphylococcus saprophyticus*, obtient des moyennes homogènes entre les séries 1 et 3 comprises entre 42,5 et 65 ufc.

SOUCHES		LOT 98180					
		SERIE 1 (UFC/ml)		Moyenne Série 1	SERIE 3 (UFC/ml)		Moyenne Série 3	%
Staphylococcus aureus	ATCC 6538	13	17	15	19	25	22	68
Pseudomonas aeruginosa	ATCC 9027	20	20	20	22	23	22,5	89
Candida albicans	ATCC 10231	73	79	76	53	49	51	67
Aspergillus brasiliensis	ATCC 16404	26	29	27,5	27	24	25,5	93
Bacillus subtilis	ATCC 6633	42	52	47	51	50	50,5	93
Escherichia coli	ATCC 8739	31	40	35,5	38	31	34,5	97
Clostridium sporogenes	ATCC 11437	91	92	91,5	32	22	27	30
Staphylococcus saprophyticus	Germe de l'environnement	46	63	54,5	74	47	60,5	90

Tableau 16 : Résultats de la validation des durées maximales d'incubation de sept jours à 30-35°C puis de sept jours à 20-25°C du lot 98180

B. Validation de la durée maximale de sept jours pour chaque température lors de l'incubation à 20-25°C puis à 30-35°C : les résultats obtenus lors de la série 4 sont comparés aux résultats de la série 2.

Les pourcentages de recouvrement de tous les micro-organismes excepté *Candida albicans* sont supérieurs à 50%, ce qui indique de très bons résultats lors de la validation des durées maximales de sept jours à 20-25°C puis sept jours à 30-35°C. Toutefois, on observe un pourcentage de recouvrement inférieur à 50% pour le micro-organisme *Pseudomonas aeruginosa*.

SOUCHES		LOT 96825				
		SERIE 2 (UFC/ml)	Moyenne Série 2	SERIE 4 (UFC/ml)	Moyenne Série 4	%
Staphylococcus aureus	ATCC 6538	17 | 15	16	16 | 19	17,5	91
Pseudomonas aeruginosa	ATCC 9027	53 | 38	45,5	53 | 58	55,5	82
Candida albicans	ATCC 10231	63 | 58	60,5	35 | 35	35	27
Aspergillus brasiliensis	ATCC 16404	31 | 35	33	29 | 26	27,5	83
Bacillus subtilis	ATCC 6633	51 | 60	55,5	49 | 65	57	97
Escherichia coli	ATCC 8739	26 | 24	25	25 | 26	25,5	98
Clostridium sporogenes	ATCC 11437	21 | 28	24,5	19 | 25	22	90
Staphylococcus saprophyticus	Germe de l'environnement	61 | 42	51,5	36 | 45	40,5	79

Tableau 17 : Résultats de la validation des durées maximales d'incubation de sept jours à 20-25°C puis de sept jours à 30-35°C du lot 96825

Les moyennes du nombre de colonies de *Staphylococcus aureus* sont homogènes entre les trois lots de milieux de culture ICR, elles sont comprises entre 12,5 et 17,5 ufc.

Les pourcentages de recouvrement des lots 96825 et 98080 pour le micro-organisme *Pseudomonas aeruginosa* sont élevés, cependant, l'anomalie de pousse de ce micro-organisme sur les milieux de culture du lot 98180 ne s'observe pas lors de l'incubation pendant sept jours à 20-25°C puis pendant sept jours à 30-35°C (série 4), par conséquent, le pourcentage de recouvrement pour ce lot est inférieur à 50% avec des moyennes de 21,5 ufc pour la série 2 et de 63 ufc pour la série 4.

Le micro-organisme *Candida albicans* ne se développe pas très bien lors de la série 4, en effet, les moyennes du nombre de colonies pour cette série sont de 35 ufc, 37,5 ufc et 20,5 ufc alors qu'on observe des moyennes comprises entre 48,5 et 76 ufc pour les trois autres séries. Cela entraîne des pourcentages de recouvrement faibles et non acceptables (27% et 34%) pour les lots 96825 et 98180.

On observe une très bonne homogénéité entre les moyennes du nombre de colonies d'*Aspergillus brasiliensis*. Celles-ci sont comprises entre 34,5 et 25 ufc pour les trois lots testés.

Les pourcentages de recouvrement de *Bacillus subtilis* sont proches de 100% (97%, 93% et 99%).

Le micro-organisme *Escherichia coli* obtient entre 25 et 34 ufc de moyenne avec une valeur de 38 ufc sur une gélose du lot 98180 qui entraine un pourcentage de recouvrement de 74% pour ce lot contre 98% et 91% pour les deux autres lots.

SOUCHES		LOT 98080					
		SERIE 2 (UFC/ml)		Moyenne Série 2	SERIE 4 (UFC/ml)		Moyenne Série 4	%
Staphylococcus aureus	ATCC 6538	18	16	17	22	9	15,5	91
Pseudomonas aeruginosa	ATCC 9027	38	40	39	38	74	56	70
Candida albicans	ATCC 10231	57	55	56	38	37	37,5	67
Aspergillus brasiliensis	ATCC 16404	30	32	31	28	31	29,5	95
Bacillus subtilis	ATCC 6633	46	61	53,5	51	48	49,5	93
Escherichia coli	ATCC 8739	25	26	25,5	26	30	28	91
Clostridium sporogenes	ATCC 11437	18	35	26,5	31	36	33,5	79
Staphylococcus saprophyticus	Germe de l'environnement	68	53	60,5	59	79	69	88

Tableau 18 : Résultats de la validation des durées maximales d'incubation de sept jours à 20-25°C puis de sept jours à 30-35°C du lot 98080

Les moyennes du nombre de colonies de *Clostridium sporogenes* sont comprises entre 22 et 33,5 ufc à la différence de la série 1 et lors de propriétés nutritives à réception où les moyennes sont de l'ordre de 90 ufc. Les pourcentages de recouvrement obtenus entre les séries 2 et 4 sont donc de 90%, 79% et 92%.

Le micro-organisme de l'environnement, *Staphylococcus saprophyticus*, obtient des moyennes homogènes entre les séries 2 et 4 du même ordre de grandeur que lors des séries 1 et 3 ainsi que lors des propriétés nutritives à réception.

SOUCHES		LOT 98180					
		SERIE 2 (UFC/ml)		Moyenne Série 2	SERIE 4 (UFC/ml)		Moyenne Série 4	%
Staphylococcus aureus	ATCC 6538	19	13	16	10	15	12,5	78
Pseudomonas aeruginosa	ATCC 9027	15	28	21,5	62	64	63	34
Candida albicans	ATCC 10231	60	66	63	19	22	20,5	33
Aspergillus brasiliensis	ATCC 16404	31	38	34,5	30	20	25	72
Bacillus subtilis	ATCC 6633	53	54	53,5	50	56	53	99
Escherichia coli	ATCC 8739	38	30	34	29	21	25	74
Clostridium sporogenes	ATCC 11437	24	35	29,5	32	32	32	92
Staphylococcus saprophyticus	Germe de l'environnement	64	42	53	48	62	55	96

Tableau 19 : Résultats de la validation des durées maximales d'incubation de sept jours à 20-25°C puis de sept jours à 30-35°C du lot 98180

SOUCHES	Propriétés nutritives			S1 / S2			S1 / S3			S2 / S4		
	96825	98080	98180	96825	98080	98180	96825	98080	98180	96825	98080	98180
Staphylococcus aureus	70	61	83	84	85	94	100	71	68	91	91	78
Pseudomonas aeruginosa	92	91	86	78	79	93	76	70	89	82	70	**34**
Candida albicans	92	92	92	88	87	83	95	95	67	**27**	67	**33**
Aspergillus brasiliensis	92	94	94	56	71	80	84	98	93	83	95	72
Bacillus subtilis	96	97	89	69	92	88	85	77	93	97	93	99
Escherichia coli	64	76	81	96	100	96	80	86	97	98	91	74
Clostridium sporogenes	99	94	90	**27**	**29**	**32**	**37**	**40**	**30**	90	79	92
Staphylococcus saprophyticus	73	83	84	87	74	97	71	69	90	79	88	96

Tableau 20 : Récapitulatif des pourcentages de recouvrement obtenus lors des validations sur les milieux de culture ICR

Les pourcentages de recouvrement obtenus pour les milieux de culture ICR, sont supérieurs à 50% pour *Staphylococcus aureus*, *Aspergillus brasiliensis*, *Bacillus subtilis*, *Escherichia coli* et *Staphylococcus saprophyticus* lors des propriétés nutritives, de la validation de l'ordre des températures d'incubation et de la validation des durées maximales d'incubation.

On observe cependant, des pourcentages de recouvrement inférieurs à 50% pour les micro-organismes *Pseudomonas aeruginosa* (34%), *Candida albicans* (27% et 33%) et *Clostridium sporogenes* (27%, 29%, 32%, 37%, 40%, 30%). Pour les deux premiers micro-organismes, ces pourcentages sont obtenus lors de la comparaison Série 2 / Série 4. Quand à *Clostridium sporogenes*, ces pourcentages sont obtenus lors des comparaisons Série 1 / Série 2 et Série 1 / Série 3.

Une étude approfondie de ce micro-organisme est détaillée dans la partie IV : Discussion.

II. LES MILIEUX DE CULTURE TCIγ

1. Propriétés nutritives à réception

Les trois lots N° 4017008, N° 4022008 et N° 4024011 sont comparés au lot témoin précédemment testé et approuvé N° 4013014.

Les bactéries sont incubées à 30-35°C pendant trois jours maximum et les levures et moisissures sont incubées à 30-35°C pendant cinq jours maximum.

L'absence de pousse microbienne après incubation à 30-35°C pendant cinq jours maximum a bien été vérifiée pour chaque numéro de lot.

SOUCHES		LOT 4017008					
		TEMOIN (UFC/ml)		Moyenne Témoin	LOT 4017008 (UFC/ml)		Moyenne Essai	%
Staphylococcus aureus	ATCC 6538	12	17	14,5	16	23	19,5	74
Pseudomonas aeruginosa	ATCC 9027	10	11	10,5	8	9	8,5	81
Candida albicans	ATCC 10231	39	45	42	36	28	32	76
Aspergillus brasiliensis	ATCC 16404	16	18	17	23	16	19,5	87
Bacillus subtilis	ATCC 6633	53	41	47	28	33	30,5	65
Escherichia coli	ATCC 8739	35	43	39	51	35	43	91
Clostridium sporogenes	ATCC 11437	79	86	82,5	84	82	83	99
Staphylococcus saprophyticus	Germe de l'environnement	38	35	36,5	32	44	38	96

Tableau 21 : Résultats des propriétés nutritives du lot 4017008

Les pourcentages de recouvrement des micro-organismes : *Staphylococcus aureus*, *Pseudomonas aeruginosa*, *Candida albicans*, *Aspergillus brasiliensis*, *Escherichia coli* et *Staphylococcus saprophyticus* sont supérieurs à 50%. Les pourcentages de recouvrement de *Clostridium sporogenes* sont supérieurs à 95%. Pour ces sept micro-organismes, on observe des moyennes du nombre de colonies homogènes avec, cependant, une moyenne un peu supérieure aux autres pour *Staphylococcus saprophyticus*. En effet, pour les milieux de culture du lot 4024011, on obtient une valeur de 61 ufc sur une gélose ce qui entraîne une moyenne de 51,5 pour cet essai, à la différence des moyennes des deux autres lots ainsi que du lot témoin qui sont de 36,6 ufc, 38 ufc et 43 ufc.

SOUCHES		LOT 4022008						
		TEMOIN (UFC/ml)	Moyenne Témoin	LOT 4022008 (UFC/ml)	Moyenne Essai	%
Staphylococcus aureus	ATCC 6538	12	17	14,5	11	22	16,5	**88**
Pseudomonas aeruginosa	ATCC 9027	10	11	10,5	7	9	8	**76**
Candida albicans	ATCC 10231	39	45	42	37	27	32	**76**
Aspergillus brasiliensis	ATCC 16404	16	18	17	17	19	18	**94**
Bacillus subtilis	ATCC 6633	53	41	47	29	37	33	**70**
Escherichia coli	ATCC 8739	35	43	39	45	38	41,5	**94**
Clostridium sporogenes	ATCC 11437	79	86	82,5	85	88	86,5	**95**
Staphylococcus saprophyticus	Germe de l'environnement	38	35	36,5	38	48	43	**85**

Tableau 22 : Résultats des propriétés nutritives du lot 4022008

Les pourcentages de recouvrement obtenus pour le micro-organisme *Bacillus subtilis* sont de 65%, 70% et 70%. Ils ne sont pas très élevés du fait de la moyenne du nombre de colonies du lot témoin qui est de 47 ufc en comparaison aux lots essais où les moyennes sont de 30,5 ufc, 33 ufc et 33 ufc.

SOUCHES		LOT 4024011					
		TEMOIN (UFC/ml)		Moyenne Témoin	LOT 4024011 (UFC/ml)		Moyenne Essai	%
Staphylococcus aureus	ATCC 6538	12	17	14,5	13	15	14	97
Pseudomonas aeruginosa	ATCC 9027	10	11	10,5	9	12	10,5	100
Candida albicans	ATCC 10231	39	45	42	28	41	34,5	82
Aspergillus brasiliensis	ATCC 16404	16	18	17	14	19	16,5	97
Bacillus subtilis	ATCC 6633	53	41	47	35	31	33	70
Escherichia coli	ATCC 8739	35	43	39	28	29	28,5	73
Clostridium sporogenes	ATCC 11437	79	86	82,5	77	81	79	96
Staphylococcus saprophyticus	Germe de l'environnement	38	35	36,5	42	61	51,5	71

Tableau 23 : Résultats des propriétés nutritives du lot 4024011

2. Validation de l'ordre des températures d'incubation

De même que pour les milieux de culture ICR, une partie des milieux de culture TCIγ sont ensemencés puis incubés pendant 48h minimum à 30-35°C puis pendant cinq jours minimum à 20-25°C, c'est la SERIE 1.

L'autre partie est ensemencée puis incubé pendant cinq jours minimum à 20-25°C puis pendant 48h minimum à 30-35°C, c'est la SERIE 2.

Les colonies sont ensuite dénombrées sur chaque gélose et le pourcentage de recouvrement est calculé selon la formule détaillée plus haut.

SOUCHES		LOT 4017008					
		SERIE 1 (UFC/ml)		Moyenne Série 1	SERIE 2 (UFC/ml)		Moyenne Série 2	%
Staphylococcus aureus	ATCC 6538	21	19	20	15	11	13	65
Pseudomonas aeruginosa	ATCC 9027	24	27	25,5	23	29	26	98
Candida albicans	ATCC 10231	41	34	37,5	42	49	45,5	82
Aspergillus brasiliensis	ATCC 16404	28	26	27	22	37	29,5	92
Bacillus subtilis	ATCC 6633	69	ND[2]	69	84	53	68,5	99
Escherichia coli	ATCC 8739	24	20	22	32	40	36	61
Clostridium sporogenes	ATCC 11437	71	71	71	43	44	43,5	61
Staphylococcus saprophyticus	Germe de l'environnement	40	53	46,5	46	49	47,5	98

Tableau 24 : Résultats de la comparaison de l'ordre des températures d'incubation du lot 4017008

Les pourcentages de recouvrement de tous les micro-organismes sont supérieurs à 50%.

Les moyennes du nombre de colonies de *Staphylococcus aureus* sont comprises entre 13 ufc et 20 ufc et les pourcentages de recouvrement obtenus sont de 65%, 78% et 93%.

Sur les milieux de culture des lots 4017008 et 4024011, on obtient des moyennes du nombre de colonies de *Pseudomonas aeruginosa* comprises entre 23 et 28 ufc. Cependant, pour les milieux de culture du lot 402208, on obtient des moyennes de 33 ufc et 40 ufc.

Les pourcentages de recouvrement pour le micro-organisme *Candida albicans* sont de 82%, 90% et 97% et les moyennes du nombre de colonies sont comprises entre 37,5 ufc et 54 ufc.

---

[2] Non Dénombrable

SOUCHES		LOT 4022008					
		SERIE 1 (UFC/ml)		Moyenne Série 1	SERIE 2 (UFC/ml)		Moyenne Série 2	%
Staphylococcus aureus	ATCC 6538	23	17	20	15	16	15,5	78
Pseudomonas aeruginosa	ATCC 9027	43	37	40	32	34	33	83
Candida albicans	ATCC 10231	44	53	48,5	52	56	54	90
Aspergillus brasiliensis	ATCC 16404	32	28	30	34	32	33	91
Bacillus subtilis	ATCC 6633	67	ND	67	60	82	71	94
Escherichia coli	ATCC 8739	26	30	28	20	30	25	89
Clostridium sporogenes	ATCC 11437	61	62	61,5	31	43	37	60
Staphylococcus saprophyticus	Germe de l'environnement	40	39	39,5	28	40	34	86

Tableau 25 : Résultats de la comparaison de l'ordre des températures d'incubation du lot 4022008

Les pourcentages de recouvrement pour le micro-organisme *Aspergillus brasiliensis* sur les milieux de culture des lots 4017008 et 4022008 sont de 92% et 91%. Sur les milieux de culture du lot 4024011, on obtient plus que 72% du à une moyenne légèrement plus faible (23 ufc).

Les moyennes du nombre colonies du micro-organisme *Bacillus subtilis* sont homogènes entre les séries 1 et 2 des trois lots testés.

Les pourcentages de recouvrement d'*Escherichia coli* obtenus sur les lots 4022008 et 4024011 sont de 89% et 89% avec des moyennes du nombre de colonies comprises entre 25 et 31 ufc. Pour le lot 4017008, on obtient un pourcentage de recouvrement de 61% dù à une moyenne de 36 ufc.

Les moyennes du nombre de colonies de *Clostridium sporogenes* sont plus faibles lors de la série 2 : 43,5 ufc, 37 ufc et 54 ufc en comparaison à celles de la série 1 : 71 ufc, 61,5 ufc et 63,5 ufc.

Le micro-organisme de l'environnement, *Staphylococcus saprophyticus*, obtient des pourcentages de recouvrement de 98%, 86% et 92% avec des moyennes homogènes.

SOUCHES		LOT 4024011					
		SERIE 1 (UFC/ml)	Moyenne Série 1	SERIE 2 (UFC/ml)		Moyenne Série 2	%
Staphylococcus aureus	ATCC 6538	19	21	20	16	21	18,5	93
Pseudomonas aeruginosa	ATCC 9027	26	20	23	32	24	28	82
Candida albicans	ATCC 10231	45	51	48	47	52	49,5	97
Aspergillus brasiliensis	ATCC 16404	29	35	32	26	20	23	72
Bacillus subtilis	ATCC 6633	74	51	62,5	93	61	77	81
Escherichia coli	ATCC 8739	27	28	27,5	34	28	31	89
Clostridium sporogenes	ATCC 11437	60	67	63,5	61	47	54	85
Staphylococcus saprophyticus	Germe de l'environnement	42	45	43,5	39	41	40	92

Tableau 26 : Résultats de la comparaison de l'ordre des températures d'incubation du lot 4024011

3. Validation des durées maximales d'incubation

De même que pour les milieux de culture ICR, une partie des milieux de culture TCIγ est ensemencée puis incubée pendant sept jours à 30-35°C puis pendant sept jours à 20-25°C, c'est la SERIE 3.

L'autre partie des milieux de culture est ensemencée puis incubé pendant sept jours à 20-25°C puis pendant sept jours à 30-35°C, c'est la SERIE 4.

Les colonies sont ensuite dénombrées sur chaque gélose et le pourcentage de recouvrement est calculé selon la formule détaillée plus haut.

A. Validation de la durée maximale de sept jours pour chaque température lors de l'incubation à 30-35°C puis à 20-25°C : les résultats obtenus lors de la série 3 sont comparés aux résultats de la série 1.

Les pourcentages de recouvrement des huit micro-organismes sont supérieurs à 50%.

Pour *Staphylococcus aureus*, on observe une légère diminution des moyennes du nombre de colonies lors de l'incubation de deux fois sept jours (série 3). Le nombre de colonies étant faible (inférieur à 20 ufc), les pourcentages de recouvrement varient vite. Ils ne sont que de 73%, 58% et 78%.

Le micro-organisme *Pseudomonas aeruginosa* obtient des moyennes du nombre de colonies homogènes avec la moyenne de la série 1 du lot 4022008 légèrement supérieure. Les pourcentages de recouvrement sont de 93%, 76% et 78%.

SOUCHES		LOT 4017008				
		SERIE 1 (UFC/ml)	Moyenne Série 1	SERIE 3 (UFC/ml)	Moyenne Série 3	%
Staphylococcus aureus	ATCC 6538	21	19	20	17	12	14,5	73
Pseudomonas aeruginosa	ATCC 9027	24	27	25,5	27	28	27,5	93
Candida albicans	ATCC 10231	41	34	37,5	45	38	41,5	90
Aspergillus brasiliensis	ATCC 16404	28	26	27	20	19	19,5	72
Bacillus subtilis	ATCC 6633	69	ND	69	41	46	43,5	63
Escherichia coli	ATCC 8739	24	20	22	32	22	27	81
Clostridium sporogenes	ATCC 11437	71	71	71	66	67	66,5	94
Staphylococcus saprophyticus	Germe de l'environnement	40	53	46,5	31	43	37	80

Tableau 27 : Résultats de la validation des durées maximales d'incubation de sept jours à 30-35°C puis de sept jours à 20-25°C du lot 4017008

On observe une moyenne du nombre de colonies de *Candida albicans* inférieure aux autres lors de la série 3 du lot 4022008. En effet, celle-ci est de 30,5 ufc contre des moyennes comprises entre 37,5 et 48,5 ufc. Cela entraîne un pourcentage de recouvrement de 63% pour ce lot contre 90% et 81% pour les lots 4017008 et 4024011.

Aspergillus brasiliensis se développe de façon homogène sur les milieux de culture des trois lots testés. Les moyennes du nombre de colonies sont autour de 25 ufc avec des pourcentages de recouvrement de 72%, 82% et 77%.

On observe une diminution des moyennes du nombre de colonies de *Bacillus subtilis* lors de la série 3.En effet, on observe des moyennes de 43,5 ufc, 47,5 ufc et

39 ufc contre des moyennes de l'ordre de 65 ufc pour la série 1. Les pourcentages de recouvrement s'en ressentent : 63%, 71% et 62%.

SOUCHES		Lot 4022008					
		SERIE 1 (UFC/ml)		Moyenne Série 1	SERIE 3 (UFC/ml)		Moyenne Série 3	%
Staphylococcus aureus	ATCC 6538	23	17	20	11	12	11,5	58
Pseudomonas aeruginosa	ATCC 9027	43	37	40	27	34	30,5	76
Candida albicans	ATCC 10231	44	53	48,5	36	25	30,5	63
Aspergillus brasiliensis	ATCC 16404	32	28	30	23	26	24,5	82
Bacillus subtilis	ATCC 6633	67	ND	67	48	47	47,5	71
Escherichia coli	ATCC 8739	26	30	28	23	28	25,5	91
Clostridium sporogenes	ATCC 11437	61	62	61,5	81	66	73,5	84
Staphylococcus saprophyticus	Germe de l'environnement	40	39	39,5	45	44	44,5	89

Tableau 28 : Résultats de la validation des durées maximales d'incubation de sept jours à 30-35°C puis de sept jours à 20-25°C du lot 4022008

Pour les micro-organismes *Escherichia coli* et *Clostridium sporogenes*, les moyennes du nombre de colonies sont homogènes avec des pourcentages de recouvrement supérieurs à 80%.

La moyenne du nombre de colonies de *Staphylococcus saprophyticus* sur les milieux de culture du lot 4024011 lors de la série 3 est de 57 ufc, soit un peu supérieure aux autres moyennes obtenues pour ce micro-organisme qui sont de l'ordre de 40 ufc. Les pourcentages de recouvrement sont de 80%, 89% et 76%.

SOUCHES		Lot 4024011				
		SERIE 1 (UFC/ml)		Moyenne Série 1	SERIE 3 (UFC/ml)		Moyenne Série 3	%
Staphylococcus aureus	ATCC 6538	19	21	20	17	14	15,5	78
Pseudomonas aeruginosa	ATCC 9027	26	20	23	26	33	29,5	78
Candida albicans	ATCC 10231	45	51	48	34	44	39	81
Aspergillus brasiliensis	ATCC 16404	29	35	32	21	28	24,5	77
Bacillus subtilis	ATCC 6633	74	51	62,5	42	36	39	62
Escherichia coli	ATCC 8739	27	28	27,5	28	31	29,5	93
Clostridium sporogenes	ATCC 11437	60	67	63,5	77	72	74,5	85
Staphylococcus saprophyticus	Germe de l'environnement	42	45	43,5	66	48	57	76

Tableau 29 : Résultats de la validation des durées maximales d'incubation de sept jours à 30-35°C puis de sept jours à 20-25°C du lot 4024011

B. Validation de la durée maximale de sept jours pour chaque température lors de l'incubation à 20-25°C puis à 30-35°C : les résultats obtenus lors de la série 4 sont comparés aux résultats de la série 2.

Les pourcentages de recouvrement de sept micro-organismes sont supérieurs à 50%. On obtient un pourcentage inférieur à 50% pour _Pseudomonas aeruginosa_.

Pour le micro-organisme _Staphylococcus aureus_, les moyennes du nombre de colonies sont homogènes avec cependant, une moyenne un peu faible de 10 ufc lors de la série 3 du lot 4022008. Les pourcentages de recouvrement sont de 92%, 65% et 81%.

Les moyennes du nombre de colonies de _Pseudomonas aeruginosa_ sont plus faibles lors de l'incubation de deux fois sept jours (série 4) : 20 ufc, 15 ufc et 24,5 ufc contre 26 ufc, 33 ufc et 28 ufc lors de la série 2. Sur les milieux de culture du lot 4022008, on observe ainsi un pourcentage de recouvrement de 45%.

SOUCHES		LOT 4017008				
		SERIE 2 (UFC/ml)	Moyenne Série 2	SERIE 4 (UFC/ml)	Moyenne Série 4	%
Staphylococcus aureus	ATCC 6538	15	11	13	14	10	12	92
Pseudomonas aeruginosa	ATCC 9027	23	29	26	17	23	20	77
Candida albicans	ATCC 10231	42	49	45,5	34	40	37	81
Aspergillus brasiliensis	ATCC 16404	22	37	29,5	19	25	22	75
Bacillus subtilis	ATCC 6633	84	53	68,5	56	43	49,5	72
Escherichia coli	ATCC 8739	32	40	36	29	21	25	69
Clostridium sporogenes	ATCC 11437	43	44	43,5	47	61	54	81
Staphylococcus saprophyticus	Germe de l'environnement	46	49	47,5	54	59	56,5	84

Tableau 30 : Résultats de la validation des durées maximales d'incubation de sept jours à 20-25°C puis de sept jours à 30-35°C du lot 4017008

Pour les micro-organismes *Candida albicans*, *Aspergillus brasiliensis* et *Bacillus subtilis*, on observe également des moyennes plus faibles lors de la série 4. Les moyennes du nombre de colonies de *Candida albicans* sont de l'ordre de 50 ufc lors la série 2 alors qu'elles ne sont que de l'ordre de 40 ufc lors de la série 4. Les moyennes du nombre de colonies d'*Aspergillus brasiliensis* sont de l'ordre de 28 ufc lors de la série 2 et de l'ordre de 20 ufc lors de la série 4.

Quand à *Bacillus subtilis*, lors de la série 2, les moyennes sont de l'ordre de 70 ufc contre 55 ufc lors de la série 4.

Escherichia coli obtient des moyennes du nombre de colonies homogènes sur les trois lots. Celles-ci sont comprises entre 23,5 et 36 ufc et les pourcentages de recouvrement sont de 69%, 81% et 76%.

SOUCHES		LOT 4022008					
		SERIE 2 (UFC/ml)		Moyenne Série 2	SERIE 4 (UFC/ml)		Moyenne Série 4	%
Staphylococcus aureus	ATCC 6538	15	16	15,5	9	11	10	65
Pseudomonas aeruginosa	ATCC 9027	32	34	33	16	14	15	45
Candida albicans	ATCC 10231	52	56	54	42	29	35,5	66
Aspergillus brasiliensis	ATCC 16404	34	32	33	19	22	20,5	62
Bacillus subtilis	ATCC 6633	60	82	71	55	55	55	77
Escherichia coli	ATCC 8739	20	30	25	29	33	31	81
Clostridium sporogenes	ATCC 11437	31	43	37	58	62	60	62
Staphylococcus saprophyticus	Germe de l'environnement	28	40	34	37	55	46	74

Tableau 31 : Résultats de la validation des durées maximales d'incubation de sept jours à 20-25°C puis de sept jours à 30-35°C du lot 4022008

Pour les micro-organismes *Clostridium sporogenes* et *Staphylococcus saprophyticus*, on observe des moyennes plus faibles lors de la série 2. Les moyennes du nombre de colonies de *Clostridium sporogenes* sont de 43,5 ufc, 37 ufc et 54 ufc pour la série 2 contre 54 ufc, 60 ufc et 67,5 ufc lors de la série 4. Les pourcentages de recouvrement sont de 81%, 62% et 80%. Pour le micro-organisme de l'environnement *Staphylococcus saprophyticus*, les moyennes du nombre de colonies lors de la série 2 sont de 47,5 ufc, 34 ufc et 40 ufc contre 56,5 ufc, 46 ufc et 48 ufc lors de la série 4.

SOUCHES		LOT 4024011					
		SERIE 2 (UFC/ml)		Moyenne Série 2	SERIE 4 (UFC/ml)		Moyenne Série 4	%

SOUCHES		SERIE 2 (UFC/ml)		Moyenne Série 2	SERIE 4 (UFC/ml)		Moyenne Série 4	%
Staphylococcus aureus	ATCC 6538	16	21	18,5	17	13	15	**81**
Pseudomonas aeruginosa	ATCC 9027	32	24	28	22	27	24,5	**88**
Candida albicans	ATCC 10231	47	52	49,5	53	36	44,5	**90**
Aspergillus brasiliensis	ATCC 16404	26	20	23	19	20	19,5	**85**
Bacillus subtilis	ATCC 6633	93	61	77	54	62	58	**75**
Escherichia coli	ATCC 8739	34	28	31	20	27	23,5	**76**
Clostridium sporogenes	ATCC 11437	61	47	54	71	64	67,5	**80**
Staphylococcus saprophyticus	Germe de l'environnement	39	41	40	43	53	48	**83**

Tableau 32 : Résultats de la validation des durées maximales d'incubation de sept jours à 20-25°C puis de sept jours à 30-35°C du lot 4024011

SOUCHES	Propriétés nutritives			S1 / S2			S1 / S3			S2 / S4		
	4017008	4022008	4024011	4017008	4022008	4024011	4017008	4022008	4024011	4017008	4022008	4024011
Staphylococcus aureus	74	88	97	65	78	93	73	58	78	92	65	81
Pseudomonas aeruginosa	81	76	100	98	83	82	93	76	78	77	**45**	88
Candida albicans	76	76	82	82	90	97	90	63	81	81	66	90
Aspergillus brasiliensis	87	94	97	92	91	72	72	82	77	75	62	85
Bacillus subtilis	65	70	70	99	94	81	63	71	62	72	77	75
Escherichia coli	91	94	73	61	89	89	81	91	93	69	81	76
Clostridium sporogenes	99	95	96	61	60	85	94	84	85	81	62	80
Staphylococcus saprophyticus	96	85	71	98	86	92	80	89	76	84	74	83

Tableau 33 : Récapitulatif des pourcentages de recouvrement obtenus lors de la validation sur les milieux de culture TCIγ

Les pourcentages de recouvrement sont supérieurs à 50% pour les micro-organismes *Staphylococcus aureus*, *Candida albicans*, *Aspergillus brasiliensis*, *Bacillus subtilis*, *Escherichia coli*, *Clostridium sporogenes*, *Staphylococcus saprophyticus* lors des propriétés nutritives, de la validation de l'ordre des températures d'incubation et de la validation des durées maximales d'incubation.

On observe un pourcentage de recouvrement inférieur à 50% pour *Pseudomonas aeruginosa* (45%) lors de la comparaison Série 2 / Série 4.

III.   *CLOSTRIDIUM SPOROGENES*

Clostridium sporogenes est un bacille à Gram positif anaérobie stricte sporulant et mobile. On le retrouve dans l'environnement et il appartient à la flore commensale de l'intestin humain et animal.

La numération de ce micro-organisme à sa réception au laboratoire est réalisée sur un milieu viande-foie en tube à essai. On souhaite comparer la fertilité du milieu viande-foie et des géloses ICR et ICR+.

La validation est effectuée sur trois lots de milieux viande-foie ainsi que sur trois lots de géloses ICR et sur trois lots de géloses de contact ICR+. Chaque lot est testé en duplicat.

Pour le milieu viande-foie, le tube, préalablement liquefié, est inoculé et ramené à une température avoisinante de 40°C avec une goutte de suspension à la pipette Pasteur. Pour les géloses ICR et ICR+, déposer 0,1 ml de suspension à 10^3 micro-organismes / ml. Fermer les ICR+ en mettant le couvercle en position « Vent ». Puis placer les géloses en anaérobiose en prenant soin de laisser les couvercles des ICR entrouverts pour permettre les échanges gazeux.

L'incubation des milieux se fait à 30-35°C pendant trois jours maximum.

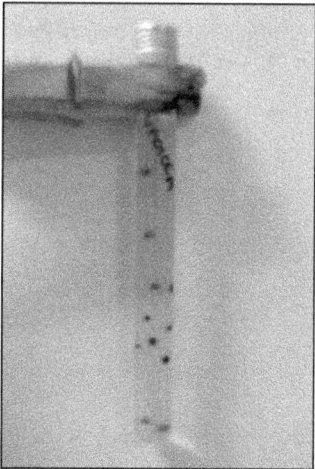

Figure 17 : Colonies de *Clostridium sporogenes* sur milieu viande-foie

1. Résultats obtenus

Pour les résultats, on calcule le nombre de germes par millilitre :

- Milieu Viande Foie :

nombre de germes / ml = nombre de colonies sur le milieu multiplié par 30

- ICR / ICR+ :

nombre de germes / ml = nombre de colonies sur la gélose multiplié par 10

Milieu Viande Foie								
Lot : 20 07 A			Lot : 28 09 A			Lot : 28 09 B		
UFC		Germes/ml	UFC		Germes/ml	UFC		Germes/ml
36	56	1380	45	56	1515	59	52	1665
Géloses ICR								
Lot : 96296			Lot : 96825			Lot : 97215		
UFC		Germes/ml	UFC		Germes/ml	UFC		Germes/ml
21	21	210	22	93	220 / 930[3]	77	94	855
Géloses ICR+								
Lot : 96519			Lot : 99020			Lot : 98589		
UFC		Germes/ml	UFC		Germes/ml	UFC		Germes/ml
71	72	715	86	81	835	67	52	595

Tableau 34 : Résultats obtenus lors de l'étude de Clostridium sporogenes

Trois boîtes ICR sont placées dans une pochette GENBag avec un indicateur d'anaérobie. Les résultats obtenus sont 21, 21 et 22 colonies.

Les trois autres boîtes ICR sont placées dans une seconde pochette GENBag. Les résultats obtenus sont 93, 77 et 94 colonies.

Les six géloses de contact ICR+ sont placées dans une GENBox.

---

[3] Au vu des résultats du nombre de colonies pour le lot 96825 des géloses ICR, la moyenne ne sera pas calculée.

On calcule le pourcentage de recouvrement entre le milieu Viande foie et les géloses ICR et ICR+, selon la formule :

$$\% recouvreme\ nt = 100 - \frac{|X_1 - X_2|}{X} \times 100$$

Avec : X_1 : le nombre de germes/ml du milieu Viande Foie

X_2 : le nombre de germes/ml de la gélose ICR ou de la gélose de contact ICR+

$$\begin{cases} X = X_1 \text{ si } X_1 > X_2 \\ X = X_2 \text{ si } X_2 > X_1 \end{cases}$$

			Milieu viande-foie		
			Lot : 20 07 A 1380 Germes/ml	Lot : 28 09 A 1515 Germes/ml	Lot : 28 09 B 1665 Germes/ml
Géloses ICR	LOT 96825	Lot : 96296 210 Germes/ml	15 %	14 %	13 %
		220 Germes/ml	16 %	15 %	13 %
		930 Germes/ml	67 %	61 %	56 %
	Lot : 97215 855 Germes/ml		62 %	56 %	51 %
	Lot : 96519 715 Germes/ml		52 %	47 %	43 %
Géloses ICR+	Lot : 99020 835 Germes/ml		61 %	55 %	50 %
	Lot : 98589 595 germes/ml		43 %	39 %	36 %

Tableau 35 : Pourcentages de recouvrement de l'étude de *Clostridium sporogenes*

Onze pourcentages de recouvrement sont inférieurs à 50 % et les sept autres sont compris entre 50 % et 62 %. En effet, le nombre de micro-organismes obtenus sur les géloses ICR et ICR+ est très inférieur au nombre de micro-organismes obtenus sur le milieu Viande Foie.

2. Observations

A. Comparaison des modes d'ensemencement du milieu Viande Foie

Le milieu Viande Foie est ensemencé à l'aide d'une goutte d'une pipette pasteur alors que les géloses sont ensemencées avec 0,1 ml prélevé à la seringue.

Nous allons donc comparer ces deux systèmes d'ensemencement sur le milieu Viande Foie pour éliminer une erreur de volume qui expliquerait les résultats obtenus ci-dessus.

La comparaison est réalisée sur deux lots de milieu Viande Foie.

	Lot : 28 09 A		Lot : 28 09 B	
	UFC	Germes/ml	UFC	Germes/ml
0,1 ml prélevé à la seringue	73	730	90	900
1 goutte de pipette pasteur	22	660	38	1140
Pourcentage de recouvrement		90 %		79 %

Tableau 36 : Comparaison du mode d'ensemencement

Les pourcentages de recouvrement sont calculés entre les nombre de germes/ml d'un même lot. On observe qu'ils sont élevés, ce qui montre qu'il n'y a pas de différences entre l'ensemencement avec une goutte de pipette pasteur et l'ensemencement à la seringue. Le dénombrement étant plus facile lors de l'ensemencement à la pipette pasteur, du au faible nombre de colonies, on continuera à utiliser ce mode d'ensemencement pour le milieu viande-foie.

B. Comparaison entre les GENBag et GENbox

Lors de l'étude sur *Clostridium sporogenes*, les géloses ICR ont été placées dans deux GENBag différents et on observe alors des résultats très hétérogènes. De plus, les géloses de contact ICR+ ont été placées dans une unique GENBox.

On cherche à étudier la différence entre ces deux systèmes de mise en anaérobie. Pour cela, on a placé à chaque fois deux géloses ICR et deux géloses de contact ICR+ dans trois GENBag ainsi que dans trois GENBox.

	GENBag 1		GENBag 2		GENBag 3	
	UFC	Germes/ml	UFC	Germes/ml	UFC	Germes/ml
ICR	42 / 49	455	45 / 49	470	55 / 51	530
ICR+	27 / 36	315	40 / 53	465	67 / 62	645

Tableau 37 : Résultats obtenus lors de l'incubation en GENBag

	GENBox 1		GENBox 2		GENBox 3	
	UFC	Germes/ml	UFC	Germes/ml	UFC	Germes/ml
ICR	42 / 22	320	40 / 46	430	40 / 40	400
ICR+	41 / 39	400	44 / 44	440	47 / 54	505

Tableau 38 : Résultats obtenus lors de l'incubation en GENBox

ICR	GENBox 1	GENBox 2	GENBox 3	ICR+	GENBox 1	GENBox 2	GENBox 3
GENBag 1	70 %	67 %	88 %		79 %	72 %	62 %
GENBag 2	68 %	95 %	85 %		86 %	95 %	92 %
GENBag 3	60 %	91 %	75 %		62 %	68 %	78 %

Tableau 39 : Pourcentages de recouvrement entre GENBox et GENBag

Les résultats sont acceptables, il n'y a pas de différences entre l'incubation des géloses en GENBag ou en BENBox.

On compare les résultats obtenus lors de l'incubation en GENbox et en GENBag à un milieu viande-foie sur lequel on a dénombré 29 colonies, soit 870 germes/ml.

	GENBag 1	GENBag 2	GENBag 3
ICR	52 %	54 %	61 %
ICR+	36 %	53 %	74 %
	GENBox 1	GENBox 2	GENBox 3
ICR	37 %	49 %	46 %
ICR+	46 %	51 %	58 %

Tableau 40 : Pourcentages de recouvrement entre un milieu Viande Foie et les géloses incubées en GENbag ou GENBox

PARTIE IV

DISCUSSION

Lors de la validation des durées maximales d'incubation des milieux de culture ICR, on observe deux anomalies.

Tout d'abord, pour le micro-organisme *Clostridium sporogenes*, on observe des résultats compris entre 87 et 95 ufc lors de l'incubation 48h à 30-35°C puis cinq jours à 20-25°C (série 1). Or lors de l'incubation sept jours à 30-35°C puis sept jours à 20-25°C (série 3), ces résultats diminuent jusqu'à obtenir entre 22 et 45 ufc.

La même observation est faite pour le micro-organisme *Candida albicans*. En effet, on obtient un nombre de colonies compris entre 55 et 66 ufc lors de l'incubation cinq jours à 20-25°C puis 48h à 30-35°C (série 2) contre des résultats allant de 19 à 38 ufc lors de l'incubation sept jours à 20-25°C puis sept jours à 30-35°C (série 4). On observe donc une importante diminution du nombre de colonies.

Les résultats ainsi obtenus ne sont pas cohérents. En effet, en augmentant la durée d'incubation des milieux de culture, on ne devrait pas observer une diminution du nombre de colonies.

Lors de l'étude, on observe que le nombre de colonies est très inférieur à 100 ufc comme par exemple, pour le micro-organisme *Staphylococcus aureus* où on obtient entre 10 et 20 ufc par milieux de culture quel que soit la série d'incubation. *Clostridium sporogenes* est le seul micro-organisme qui donne de bons résultats puisque qu'on observe un nombre de colonies proche de 100 ufc lors des propriétés nutritives et lors de la série 1.

La concentration des micro-organismes dans la suspension initiale est faible. Une réévaluation afin d'obtenir un nombre de colonies compris entre 50 et 100 ufc sur les milieux de culture aurait été intéressant.

L'utilisation de trois lots permet d'obtenir un nombre de résultats par micro-organisme étudiable et permet de valider l'étude d'un point de vue des Bonnes Pratiques de Fabrications. On observe ainsi l'absence de variabilité entre les lots.

Cependant, pour une étude plus approfondie, la reproduire aurait pu permettre d'éliminer les erreurs liées aux manipulations.

Le germe *Clostridium sporogenes* est difficile à étudier sur les géloses ICR. En effet, on a observé un problème de fermeture de ces milieux de culture et ainsi, certainement un problème d'anaérobiose. A la différence des bandelettes de géloses qui permettent facilement les échanges gazeux.

PARTIE V

CONCLUSION

Les prélèvements microbiologiques effectués sur le site de production d'API à l'aide de milieux de culture fournis pas par Biotest Heipha® sont incubés dans des étuves du laboratoire du contrôle qualité à 30-35°C pendant 48h minimum puis à 20-25°C pendant cinq jours minimum.

Une étude de l'influence de l'ordre des températures d'incubation sur la fertilité des milieux de culture est réalisée afin de valider ce protocole d'incubation des prélèvements microbiologiques de l'environnement.

Les propriétés nutritives sont effectuées au préalable des comparaisons des différentes séries d'incubation. Elles ont pour objectif de valider la fertilité des milieux de culture en les comparant à un lot de géloses précédemment testé et validé au laboratoire de microbiologie. Les pourcentages de recouvrement obtenus sont compris entre 50 et 100 % pour tous les micro-organismes.

La comparaison entre la série 1 (48h minimum à 30-35°C puis cinq jours minium à 20-25°C) et la série 2 (cinq jours minimum à 20-25°C puis 48h minimum à 30-35°C) permet de déterminer s'il existe une action sur la fertilité des milieux de culture en fonction de l'ordre des températures d'incubation des milieux de culture.

Les comparaison entre les séries 1 et 3 ainsi que celle entre les séries 2 et 4 permettent de déterminer si la durée d'incubation entraine une modification de la fertilité des milieux de culture.

On n'observe pas de différences entre les séries 1 et 2 lors de la validation de l'ordre des températures d'incubation. Cependant, au vue des résultats obtenus, on peut déterminer que les bactéries *Staphylococcus aureus*, *Pseudomonas aeruginosa*, *Escherichia coli*, *Clostridium sporogenes* et *Staphylococcus saprophyticus* se développent mieux lors de l'incubation à 30-35°C. Les micro-organismes *Candida albicans*, *Aspergillus brasiliensis* et *Bacillus subtilis* ont quand à eux une préférence pour la température de 20-25°C.

On n'observe également pas de différences lors de l'incubation de deux fois sept jours (séries 3 et 4) vis-à-vis des résultats obtenus lors des séries 1 et 2.

On peut en conclure que l'ordre des températures d'incubation des milieux de culture Biotest Heipha® n'a pas d'influence sur la fertilité des milieux. Toutefois, en routine, nous préférerons 48h minimum à 30-35°C puis 5 jours minimum à 20-25°C pour des raisons de rapidité de détection d'une éventuelle anomalie. De plus, au vue des résultats obtenus, les géloses peuvent être incubées jusqu'à sept jours dans chaque étuve, ce qui permet de couvrir les ponts dus aux jours fériés, les weekends... Ce dernier point n'est pas négligeable pour la gestion du personnel.

L'ensemencement des milieux de culture est réalisé avec une même concentration de 10^3 micro-organismes / ml, on devrait ainsi obtenir des dénombrements bactériens très proche d'une boîte de milieux à une autre, ce qui n'est pas le cas car les micro-organismes sont des être vivants et rendent ainsi la bactériologie non exacte.

Clostridium sporogenes

Lors de la validation sur les conditions optimales de mise en incubation des géloses utilisées pour le monitoring de l'environnement, on a observé des résultats de croissance plus faibles sur les géloses ICR Biotest® pour le micro-organisme *Clostridium sporogenes*, bacille anaérobie stricte à Gram positif (cf. Tableau 11 à Tableau 16). Ainsi, les pourcentages de recouvrement étaient inférieurs à 50 %, ce qui montre une différence significative. Ce micro-organisme étant dénombré sur le milieu Viande Foie lors de sa réception au laboratoire, on a étudié s'il y avait une différence entre ce milieu et les géloses TSA en boîtes de pétri.

Le mode d'ensemencement de ces milieux étant différents, nous avons comparés le nombre de micro-organismes/ml obtenus par un calcul simple détaillé plus haut.

Le nombre de colonies obtenues sur les géloses ICR et ICR+ est plus faible que le nombre de colonies obtenues dur le milieu viande-foie (cf. Tableau 34) et les pourcentages de recouvrement (cf. Tableau 35) montrent une différence entre ces deux types de milieux.

Après avoir vérifié que le mode d'ensemencement n'était pas en cause, on a vérifié si un mode d'incubation en anaérobie (GENBag ou GENBox) permettait d'obtenir de meilleurs résultats (cf. Tableau 40) que l'autre. Par conséquent, on observe l'obtention de meilleurs résultats avec le mode d'incubation GENBag.

Cependant, lors de l'étude du micro-organisme *Clostridium sporogenes*, les résultats (cf. Tableau 34) étaient hétérogènes lors de l'incubation des géloses ICR dans deux GENBag différents.

On peut essayer d'expliquer ce phénomène d'hétérogénéité des résultats sur les milieux en boîtes de pétri par la durée de contact avec l'oxygène. En effet, l'anaérobiose stricte commence avec un pourcentage en oxygène dissout $< 0,1\%$, ce qui est très faible. Or, lors de l'ensemencement sur les milieux de culture ICR, le temps de contact avec l'oxygène est supérieur que lors de l'ensemencement en tube à essai où on dépose directement la suspension bactérienne dans le milieu de culture.

0,1 ml de suspension à 10^3 germes / ml

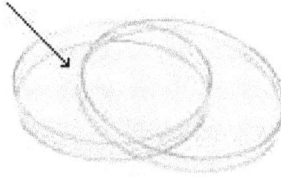

| Durée de contact avec O_2 résiduel $\ll X$ | Durée de contact avec O_2 résiduel $= X$ |

Le milieu viande-foie permettant l'obtention de meilleurs résultats ainsi que des résultats homogènes, on peut conclure que ce milieu est spécifique pour le *Clostridium sporogenes* et on décide de conserver ce milieu pour l'ensemencement de ce micro-organisme lors de sa réception au laboratoire.

ANNEXE 1 : LEXIQUE

A

Alcane : hydrocarbure saturé de formule générale C_nH_{2n+2}.

Aldéhyde : composé organique insaturé comprenant une fonction - CHO

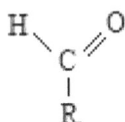

$$H\diagdown \underset{\underset{R}{|}}{C} \diagup\!\!\!\!= O$$

D

Détergent cationique : molécule amphiphile, c'est-à-dire dotée d'une tête polaire, hydrophile, attirant l'eau, et d'une longue chaîne hydrocarbonée, apolaire, hydrophobe attirant les lipides. Ces deux pôles engendrent des propriétés tensioactives. Les détergents cationiques (charge positive dans l'eau) possèdent un pouvoir bactéricide.

E

Estérification : production d'un ester (groupement COO) et d'eau à partir d'un alcool et d'un acide carboxylique.

$$R_1 - C\underset{OH}{\overset{O}{\diagup\!\!\!\!=}} \quad + \quad HO - R_2 \quad \rightleftharpoons \quad R_1 - C\underset{O - R_2}{\overset{O}{\diagup\!\!\!\!=}} \quad + \quad H_2O$$

G

GENBag et GENBox : Générateurs d'atmosphères pour bactéries exigeantes commercialisés par BioMérieux®.

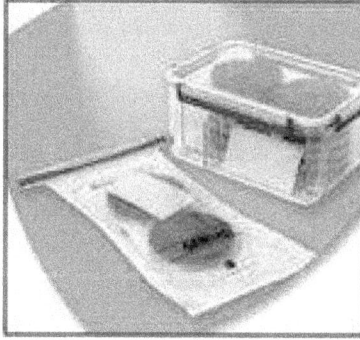

H

Hétérotrophe : Se dit des organismes qui nécessitent un ou plusieurs composés organiques comme source de carbone à la différence des autotrophes dont la source de carbone est le CO_2.

Hydrate : Combinaison d'une substance avec une ou plusieurs molécules d'eau.

ANNEXE 2 :

EXEMPLE DE LA MESURE DE LA DENSITE OTIQUE DE

STAPHYLOCOCCUS AUREUS

(Les rapports DO / concentration sont identiques pour différents Staphylococcus)

PIERRE FABRE MEDICAMENT PRODUCTION
AQUITAINE PHARM INTERNATIONAL
    Contrôle Qualité
page 1 de 1

GERME ...S.T.A.P.H.Y.L.O.R.O.S.C.U.S AUREUS

ATCC ....6538........

Selon le technique de contrôle : PRE.10.13

Densité optique à 620 nm	Cahier jour n° Page	Considéré à :	Nombre de colonies obtenues
0,105	16 pg 60	10^7	210 à considérer 25 10^8
0,223 (epidermidis)	14 pg 172	2.10^8	80
0,268	15 pg 68	2.10^8	lot 3208 2800 à consid 2.10^8
0,294 (s.prophytus)	16 pg 25	2.10^8	50
0,223	16 pg 150	2.10^8	

- 88 -

ANNEXE 3 :

VALIDATION DES CONDITIONS OPTIMUM DE MISE EN INCUBATION DES GELOSES UTILISEES POUR LE MONITORING DE L'ENVIRONNEMENT

DIFFUSION

- LABORATOIRE MICROBIOLOGIQUE

REDIGE PAR	APPROUVE PAR		RESPONSABLE APPLICATION
ASSISTANTE CONTROLE QUALITE	RESPONSABLE LIBERATION PHARMACEUTIQUE	RESPONSABLE ASSURANCE QUALITE	RESPONSABLE CONTROLE QUALITE
A. LOTROUS	T. PEFFERKORN	E. VALENTI	D. CAVAILLES
date	date	date	date
visa	visa	visa	visa

I - <u>OBJECTIF</u>

L'objectif primaire de cette validation est de vérifier que les propriétés nutritives des géloses utilisées sur API sont conformes aux normes requises par les cGMP, la Pharmacopée Européenne et l'USP en vigueur quelque soit l'ordre des températures d'incubation.

L'objectif secondaire de cette validation est de vérifier que les propriétés nutritives des milieux de culture utilisés sur API sont conformes aux normes requises par les cGMP, la Pharmacopée Européenne et l'USP en vigueur lors d'une incubation d'une durée maximale de sept jours pour chaque température

II - <u>RESPONSABILITES</u>

Les techniciens du Laboratoire de Microbiologie sont responsables de l'application de ce protocole.

III - <u>REFERENCES</u>

• *Pharmacopée Européenne,* Méthodes Harmonisées, Chapitre **2.6.12** « Contrôle microbiologique des produits non stériles : Dénombrement des micro-organismes aérobies viables totaux » et Chapitre **2.6.13** « Contrôle microbiologique des produits non stériles : Recherche de microorganismes spécifiés ».

• *USP,* Chapitre **<61>** « Microbiological examination of nonsterile products : Microbial exumeration tests » et Chapitre **<62>** « Microbiological examination of nonsterile products : Tests for specified microorganisms ».

- *JP XV,* « General Information », Chapitre **12** « Microbial Attributes of Nonsterile Pharmaceutical Products » et Chapitre **13** « Microbiological Evaluation of Processing Areas for Sterile Pharmaceutical Products ».

- *FDA Guidance For Industry* : "Sterile Drug Products Produced by Aseptic Processing - Current Good Manufacturing Practice", Chapitre **X-B** : Microbiological Media and Identification.

- EC Guide to cGMP, Annexe 1.

IV - <u>GELOSES A TESTER</u>

- Gélose ICR Biotest, Référence 030826e
- Gélose TC Biotest, Référence 941125

    Les géloses de contact ICR+ Biotest (Référence 820) ne seront pas testées. En effet, ce sont les même que les géloses ICR, seul le diamètre des boîtes diffère.

V - <u>MODE OPERATOIRE</u>

Ensemencement des géloses selon la technique de contrôle PRE.10 avec les souches suivantes :

Staphylococcus aureus	ATCC 6538
Pseudomonas aeruginosa	ATCC 9027
Candida albicans	ATCC 10231
Aspergillus brasiliensis	ATCC 16404
Bacillus subtilis	ATCC 6633
Escherichia coli	ATCC 8739
Clostridium sporogenes	ATCC 11437
Germe de l'environnement	Exemple : *Staphylococcus* retrouvé dans l'environnement d'API

Trois validations portant sur trois lots de culture différents seront effectuées. Chaque germe sera testé en duplicat.

V-1   Validation de la fertilité des divers types de milieux de culture à réception

1) <u>Témoin négatif</u>

Vérification de l'absence de pousse microbienne à réception des géloses Biotest. Pour cela, incuber une gélose de chaque lot à 30-35°C pendant 5 jours maximum.

2) Témoin positif

Utilisation de géloses d'un lot précédemment testé et approuvé. Pour les bactéries (aérobie et anaérobie), incubation des géloses à 30-35°C pendant 3 jours maximum. Pour les levures et moisissures, incubation des géloses à 30-35°C pendant 5 jours maximum.

3) Lot à tester

Incubation des géloses à réception de façon identique au témoin positif.

V-2 Validation de l'ordre des températures d'incubation des divers types de milieux de culture

1) Série de milieux N° 1

Une première série de milieux sera incubée 48h minimum à 30-35°C puis 5 jours minimum à 20-25°C.

2) Série de milieux N° 2

Une seconde série de milieux sera incubée 5 jours minimum à 20-25°C puis 48h minimum à 30-35°C.

V-3   Validation des durées maximales d'incubation des divers types de milieux de culture

Les durées maximales d'incubation des divers types de milieux de culture à valider seront de 7 jours pour chaque température. Cela permettra de couvrir tous les cas de figures possibles observés lors du travail de routine, y compris les coupures dues à des jours fériés.

1) Série de milieux N° 3

Une troisième série de milieux sera incubée 7 jours à 30-35°C puis 7 jours à 20-25°C.

2) Série de milieux N° 4

Une quatrième série de milieux sera incubée 7 jours à 20-25°C puis 7 jours à 30-35°C.

VI - RESULTATS

Les résultats de la validation de la fertilité des milieux de culture seront retranscrits dans le tableau « Validation des fertilités des milieux à réception ».

Les résultats de la validation de l'ordre des températures seront retranscrits dans le tableau « Comparaison de la fertilité des milieux à des conditions d'incubation différentes ».

Les résultats de la validation des temps maximum seront retranscrits dans le tableau « Comparaison de la fertilité des milieux à des conditions d'incubation différentes - Temps maximum ».

Le nombre de colonies obtenues ne doit pas varier de plus d'un facteur 2 entre les deux séries de milieux, soit un pourcentage de recovery compris entre 50% et 100%.

Calcul du pourcentage de recovery (X) entre la moyenne du témoin (T) et la moyenne de la série (E) selon la formule :

$$100 - \left(\frac{|T - E|}{T} \right) \times 100 = X\%$$

ANNEXES

ANNEXE 1 : VALIDATION DES FERTILITES DES MILIEUX A RECEPTION

ANNEXE 2 : COMPARAISON DE LA FERTILITE DES MILIEUX A DES CONDITIONS D'INCUBATION DIFFERENTES

ANNEXE 3 : COMPARAISON DE LA FERTILITE DES MILIEUX A DES CONDITIONS D'INCUBATION DIFFERENES TEMPS MAXIMUM

Type gélose :   Référence :
Numéro de Lot :   Date Péremption :

1) Témoin négatif
Vérification de l'absence de pousse microbienne après incubation à 30-35°C pendant 5 jours maximum
Date incubation :
Résultat :

2) Vérification des propriétés nutritives
Incubation des géloses à 30-35°C pendant 3 jours maximum pour la recherche de bactéries
Incubation des géloses à 30-35°C pendant 5 jours maximum pour la recherche des levures et moisissures
Date incubation :

SOUCHES		Nombre d'UCF/gélose				% recovery
		Témoin précédemment testé et approuvé Lot :		Essai		
Staphylococcus aureus	ATCC 6538					
Pseudomonas aeruginosa	ATCC 9027					
Candida albicans	ATCC 10231					
Aspergillus brasiliensis	ATCC 16404					
Bacillus subtilis	ATCC 6633					
Escherichia coli	ATCC 8739					
Clostridium sporogenes	ATCC 11437					
Germe de l'environnement	....					

Le pourcentage de recovery doit être compris entre 50 % et 100 % soit un nombre de colonies obtenu ne différant pas de plus d'un facteur 2
Commentaires : ....

ANALYSTE	CONCLUSION	RESPONSABLE CONTROLE QUALITE
Date : Visa :	❑ **CONFORME** ❑ **NON CONFORME**	Date : Visa :

Type gélose :   Référence :   Date incubation :

Numéro de Lot :   Date péremption :

SOUCHES		Nombre d'UCF/gélose		% recovery
		SERIE N° 1	SERIE N° 2	
		48h à 30-35°C Puis 5 jours à 20-25°C Lecture le :	5 jours à 20-25°C Puis 48h à 30-35°C Lecture le :	
Staphylococcus aureus	ATCC 6538			
Pseudomonas aeruginosa	ATCC 9027			
Candida albicans	ATCC 10231			
Aspergillus brasiliensis	ATCC 16404			
Bacillus subtilis	ATCC 6633			
Escherichia coli	ATCC 8739			
Clostridium sporogenes	ATCC 11437			
Germe de l'environnement	....			

Le pourcentage de recovery doit être compris entre 50 % et 100 % soit un nombre de colonies obtenu ne différant pas de plus d'un facteur 2

Commentaires : ....

ANALYSTE	CONCLUSION	RESPONSABLE CONTROLE QUALITE
Date : Visa :	❑ CONFORME ❑ NON CONFORME	Date : Visa :

Type gélose :   Référence :   Date incubation :

Numéro de Lot :   Date péremption :

SOUCHES		Nombre d'UCF/gélose				% recovery
		SERIE N° 3		SERIE N° 4		
		7 jours à 30-35°C Puis 7 jours à 20-25°C Lecture le : ………..		7 jours à 20-25°C Puis 7 jours à 30-35°C Lecture le : ………..		
Staphylococcus aureus	ATCC 6538					
Pseudomonas aeruginosa	ATCC 9027					
Candida albicans	ATCC 10231					
Aspergillus brasiliensis	ATCC 16404					
Bacillus subtilis	ATCC 6633					
Escherichia coli	ATCC 8739					
Clostridium sporogenes	ATCC 11437					
Germe de l'environnement	…………….					

Le pourcentage de recovery doit être compris entre 50 % et 100 % soit un nombre de colonies obtenu ne différant pas de plus d'un facteur 2

Commentaires : ………………………………………………………………………………..

ANALYSTE	CONCLUSION	RESPONSABLE CONTROLE QUALITE
Date : Visa :	❑ CONFORME ❑ NON CONFORME	Date : Visa :

Bibliographie

1. **Publique, Code de la Santé.** *Article R5124-2.*

2. **Dr. HORN J. (Traduction de, Déc 2002).** *Contrôle de l'air et des surfaces en isolateurs.* News Letter 38. s.l. : Biotest Hycon, Avril 2003.

3. **S., ORTU.** Contrôles particulaires et biologiques de l'air à l'hôpital. *Revue Francophone des Laboratoires.* Elsevier SAS, Novembre 2005, 376, pp. 51-57.

4. **DRUG, ASSOCIATION PARENTAL.** *PDA Journal of Pharmaceutical Science and Technology.* s.l. : Supplement : Points to Consider for Aseptic Processing, 2003. Vol. 57.

5. **PRESCOTT, HARLEY, KLEIN et al.** *Microbiologie.* 3ème édition. Paris : De Boeck, 2010. p. 1088 pages.

6. **Current Good Manufacturing Practice - Guidance for Industry.** Sterile drug products produced by aseptic processing - . *Chap. X.B., Sterility Testing : Microbiological media and identification.* September 2004. pp. 35-36.

7. **G., JOFFIN J.-N. et LEYRAL.** *Microbiologie technique - Tome 1 : Dictionnaire des techniques.* 4e édition. Bordeaux : Scérén CRDP Aquitaine, 2006.

8. **DENIS F., PLOY M.-C., MARTIN C. et al.** Bactériologie Médicale : Techniques Usuelles. *Chap.2, Démarche de l'examen bactériologique.* Issy-les-Moulineaux : Elsevier Masson, 2007, pp. 5-32.

9. **E., LEYRAL G. et VIERLING.** Microbiologie et toxicologie des aliments : Hygiène et sécurité alimentaire. *Chap 2, physiologie bactérienne.* 4ème édition. Bordeaux : Doin éditeurs, 2007, pp. 37-66.

10. **MEYER A., DEIANA J. et BERNARD A.** Cours de Microbiologie générale. *Chap 3, Nutrition et croissance des bactéries et des champignons.* 2ème édition. Rueil-Malmaison : Doin éditeurs, 2004, pp. 102-152.

11. **G., FEERY R. et.** *La microbiologie dans les sections laboratoires.* [En ligne] [Citation : 22 Aout 2011.] http://romain.ferry.pagesperso-orange.fr.

12. **G., DI COSTANZO.** Lécithines. *Encyclopaedia universalis.* 2009.

13. **CORRE C., DALVAI J., DAMPFHOFFER M. et al.** *Les Parabènes : quelle problématique pour la Santé Publique ?* EHESP : s.n., 2009. p. 46.

14. **G., LEVY N. et CAMUS.** Vie. [En ligne] [Citation : 26 Aout 2011.] http://www.snv.jussieu.fr/vie.

15. **Allain, P.** *Pharmacorama.* [En ligne] 2008. [Citation : 10 Février 2011.] http://www.pharmacorama.com/livre/auteur.php.

16. **M., LARPENT J.-P. et LARPENT-GOURGAUD.** *Mémento technique de microbiologie.* 3ème édition. Paris : Lavoisier TEC & DOC, 1997. p. 1039.

17. **GERTEN B., LAUER B.** Testing of the disinfectant-neutralizing effect of tryptic soy agar with the neutralizers LTHTh in a surface-independent method. *Etude réalisée pour Heipha.* 2007.

18. **GmbH, HEIPHA Dr. Müller.** *ICR / ICR plus for your monitoring in cleanrooms and isolators.* Eppelheim, Germany : Heipha Diagnostika. p. 29.

19. **GmbH, HEIPHA.** *Boîtes contact ICR plus : Le Nouveau standard pour les contrôles d'envrionnement en Salles Propres et Isolateurs.* Eppelheim, Germany : Traduit par Biotest France, Janvier 2008.

20. *Air monitoring in isolators.* **HORN J., BACKES M. et SCHEPP E.-C.** Salt Lake City, Utah : 102nd General Meeting of the American Society for Microbiology, May 19-23, 2002.

21. **USP.** Chapitre <61> « Microbiological of nonsterile products : Microbial enumeration tests ».

22. **Européenne, Pharmacopée.** *Chapitre 2.6.12 « Contrôle microbiologique des produits non stériles : essais de dénombrement microbien. Méthodes harmonisées ».*

23. **CAVAILLES, D.** *Conservation des souches microbiennes en vue de leur utilisation au laboratoire de microbiologie.* Idron : s.n., 2009. Technique de contrôle PRE 10 .

www.ingramcontent.com/pod-product-compliance
Lightning Source LLC
Chambersburg PA
CBHW021118210326
41598CB00017B/1487